大展好書
好書大展

根據人的本質，或自然的掊理，
來判斷事情的正確與否。
一面提高個人的實力，一面重視團體的和諧，
如此，個人與公司才能真正有發展。

新觀念・新秘訣——序

說服學大師D・卡內基，曾經說過：

「我喜歡草莓，魚兒喜歡的是蚯蚓，所以，垂釣的時候，我不以草莓為魚餌，而是以蚯蚓為魚餌。」

他又如是說：

「帶動別人唯一的方法是，以那個人喜好的事做為問題，並且告訴他如何去得到它。」

不少人卻與這個道理背道而馳，只知以自己喜好的事為問題，夢想只為自己的利益而帶動別人。就為了一切都從自己的立場出發，所以，苦於帶動不了別人。

知人、用人的技巧，無論在工廠、辦公室、企業、行政部門、學校、家庭，都有廣泛的應用價值。

這本書主要是為企業界的幹部而寫的。在管理和指導部屬方面，為人上司者平時會遇到的問題，在本書中濃縮的86則要訣，指出知人、用人「馬到成功」的

竅門。

人才的培養已經成為各企業傾力以赴的工作，企業的盛衰榮枯，關鍵就在人才的良窳。這本書在作育人才方面，一一點出一個上司應循的路徑，以及應有的管理技巧。由於內容都立脚於心理學的原則，句句真實，無一廢言，它的可行性，相信能為讀者帶來莫大的啓示，在實際工作中發揮出利器的作用。

目錄

新觀念・新秘訣（序）……三
第一章　以怎樣的信條帶動部屬？……一五
●秘訣之1　幹部要塑造優良風氣……一六
●秘訣之2　活用門外漢的創意……一八
●秘訣之3　IBM的管理信條……二〇
●秘訣之4　挨罵才會成長……二二
●秘訣之5　讓員工學習物理學……二四
●秘訣之6　讓部屬不斷進修……二六
●秘訣之7　好選手不一定是好教練……二八
●秘訣之8　信任到底……三〇

●秘訣之9　培養野鴨……三二

第二章　如何運用策略帶動部屬？……三五

●秘訣之1　認清用人的關鍵……三六
●秘訣之2　引出人性的優點……三八
●秘訣之3　上司應有的見識……四〇
●秘訣之4　引導部屬的弱點……四二
●秘訣之5　不打沒把握的仗……四四

第三章　如何提高說服力？……四七

●秘訣之1　漸進之策……四八
●秘訣之2　要有牽引力、親和力……四九
●秘訣之3　看人而說……五一
●秘訣之4　希求水準要高……五三
●秘訣之5　期待於部屬的長處……五五

●秘訣之6　培養有稜有角的部屬……五七
●秘訣之7　拿出誠意和感情……五八
●秘訣之8　訴之於成長的慾望……六〇
●秘訣之9　以部屬的立場去想……六二

第四章　如何使部屬感動？……六五

●秘訣之1　毅然決然的態度……六六
●秘訣之2　信念非假……六八
●秘訣之3　源自「同事愛」的嚴厲作風……六九
●秘訣之4　切莫迎合部屬……七二
●秘訣之5　訴之於積極進取之心……七四
●秘訣之6　赤裸裸的衝突……七五
●秘訣之7　率先而爲的氣魄……七七
●秘訣之8　「電通」成功的秘密……七九
●秘訣之9　上司要點燃自己……八〇

●秘訣之10 使不可能變爲可能……八二
第五章 如何適應部屬的性格？……八七
●秘訣之1 不以自己的量具計量別人……八八
●秘訣之2 探討不幸之因……八九
●秘訣之3 替部屬剷除自卑感……九〇
●秘訣之4 尋出行爲的原點……九二
●秘訣之5 酒店大王的秘密……九五
●秘訣之6 看穿對方的性格……九七
●秘訣之7 抓住微妙的人心……九九
●秘訣之8 發掘埋沒的才能……一〇〇
●秘訣之9 適應性格的指導法……一〇二
●秘訣之10 虛實的分辨……一〇三
第六章 如何引發部屬的挑戰意願？……一〇七

●秘訣之1　讓部屬從失敗中仆而奮起……一〇八
●秘訣之2　讓部屬從經驗中學習……一一〇
●秘訣之3　讓部屬不畏逆境……一一二
●秘訣之4　讓部屬有肯定的人生觀……一一四
●秘訣之5　在現實生活中加以磨鍊……一一六
●秘訣之6　爲部屬指出燦爛前景……一一八
●秘訣之7　豎起有魅力的目標……一二〇
●秘訣之8　莫使部屬有萎縮之疾……一二二
●秘訣之9　體會人際關係的原理……一二四
●秘訣之10　看穿對方的眞心……一二六
●秘訣之11　做個傾聽能手……一二八
●秘訣之12　强將手下無弱兵……一三〇
第七章　如何改變部屬的觀念？……一三五
●秘訣之1　讓部屬體驗有意義的生活……一三六

●秘訣之2　讓部屬在工作中尋得樂趣……一三八
●秘訣之3　運用「平均的法則」……一四〇
●秘訣之4　「象牙皂」暢銷法……一四三
●秘訣之5　卡內基的說服術……一四五
●秘訣之6　以對方最關心的事爲話題……一四七
●秘訣之7　駱駝的負荷量……一四九

第八章　如何造出良好的工作環境？……一五一

●秘訣之1　敏於察覺集團的氣氛……一五二
●秘訣之2　活用「2・6・2的原理」……一五四
●秘訣之3　「彩虹作戰計劃」的啓示……一五六
●秘訣之4　尊重人性……一五八

第九章　如何開發部屬的才能？……一六一

●秘訣之1　才能由努力而來……一六二

●秘訣之2 活用「等價變換原理」培養創造力……一六四
●秘訣之3 讓部屬實踐「抽象化思考」……一六六
●秘訣之4 巴黎「小偷學校」的啓示……一六八
●秘訣之5 掌握伸展能力之鑰……一七〇
第十章 如何運用和帶動上司？……一七三
●秘訣之1 掌握上司的期待……一七四
●秘訣之2 彌補上司的缺陷……一七六
●秘訣之3 越頑固越好操縱……一七八
●秘訣之4 讓上司也插一脚……一七九
●秘訣之5 動不了上司就帶不動部屬……一八一
第十一章 如何領導女性員工？……一八五
●秘訣之1 洞悉女性特有的心理……一八六
●秘訣之2 剛柔兼施……一八八

●秘訣之3　指導方法要細膩入微……一九〇
●秘訣之4　待之以公平……一九一
●秘訣之5　化除反目狀態……一九三

第十二章　如何對付難纏的部屬？……一九五

●秘訣之1　分析反抗份子的心理……一九六
●秘訣之2　不滿份子要各個擊破……一九七
●秘訣之3　了解部屬的成長歷史……一九九
●秘訣之4　消除抗拒之因……二〇一
●秘訣之5　爲中年、高齡的部屬打氣……二〇三

第一章

以怎樣的信條帶動部屬？

秘訣1　幹部要塑造優良風氣

推銷能手常常說這樣的話：

「即使模仿銷售業績最優的推銷員所使用的推銷手法，效果往往是不如理想。除非從體驗中發掘出獨特的推銷手法，否則不太可能有令人滿意的宏效。」

這個道理也可以套用於經營和管理。在經營和管理上，一意模仿別人，會造成效果不彰的結果，說來說去，必須自創獨特的手法，才能靈活而有效。

每一個人的性格和觀念，各自有異。各人的經驗也不同，所以，唯有自創的手法，才會使自己沒有抗拒心理，成爲一種獨特的方式。

由於是自創的，因此，對這些手法極具信心，實行起來，無不得心應手，不至於扞格難行。

「本田技研」的創始人「本田宗一郎」，小時候是個頑童，只知貪玩，要幹什麼就幹什麼，可說是爲所欲爲，肆無忌憚。

他最討厭「修身」課，因爲，「修身」課以教訓和美談，把年輕人束縛得失去了生命力的躍動。

他，讓自己的生命力奔放不覊，雖然遭到種種失敗，對工作倒是傾注全副精神，從中培養了自己的實力。

小學畢業之後，他立刻就在一家汽車修理廠當學徒，在那裏，他邊看邊學修理技術。他決心在修理汽車的技術上，成爲日本無出其右的人。由於傾注熱忱一至於此，因此，在修理技術上果眞有了無人望其項背的成就。

從修理汽車到製造活塞環（Piston ring），以至於製造摩托車（卽機車）。他，一步步使自己的事業，走向顚峯。

爲了使事業日日又新，他又專注於鑽研技術，卽使是最基礎的技術理論，也不厭其煩地徹底研究。

在各方面未盡成熟的人，當他埋頭於工作，難免有某些失敗，就爲了有失敗，他就傾力於思索、努力，以便突破困境，創造明日的飛躍性進展。

由於這種全力的思索和努力的行爲，人，就得以逐日成長。「本田宗一郎」就是在這種生活體驗中，使自己日日新，不斷地伸展了自己的能力。

基於這個緣故，「本田技研」在管理上，就十足發揮了創業者個人的種種體驗，以它爲基礎，去帶動所有的員工。例如：

㈠徹底實施「實力主義」的管理。

㈡有能力的人，就不斷地加以破格的提拔。

㈢無能之輩就毫不客氣地加以貶職。

㈣强調「不要怕失敗」，以免員工由於怕失敗而陷於苟安。

這種管理的方式，造成「本田技研」的獨特風氣，使「本田技研」一躍而爲國際馳名的大企業。

秘訣2　活用門外漢的創意

以絕世創意人而馳名的「小林一三」，是個創造力極豐的經營者，在管理技巧上也是拔尖的人物。

尤其在巧妙使用門外漢，使之發揮超過行家工作效率這方面，幾乎是無人可以企及。

例如，他打算把整個「寶塚」造成家庭氣氛甚濃的地方時，就把有關植物園的部份，全權委託Y氏去處理。

Y氏認爲，自己對植物園的開發純屬外行，勸他最好去找個專家出任此職。他却說：

「沒有這個必要。您愛怎麼弄就怎麼弄，我一點也不加干擾。」

丫氏以前在紐約住了有一段時日，住處離中央公園（Cemtral Park，紐約曼哈頓區大公園）不遠，他就從那裏獲得啓示，據此設計了植物園。

這個植物園就此有了用地、池塘、小橋、溫室、茶室……等等，一切都在丫氏的自由構想之下，呈現嶄新的面貌，可說是一般植物園前所未有的格局，「小林一三」對他的獨創性手法，大爲滿意。

「小林一三」之所以能夠使一個門外漢，做出超過行家的工作表現，原因就在，他自己就是個門外漢。

當年，他辭去「三井」銀行行員的職位，就「箕面有馬」鐵路公司董事職，從事增加這一家鐵路公司乘客的開發工作。對這個工作他可說是個完全的門外漢。

但是，他這個門外漢卻一一完成了衆多事業，而且每一種事業都做得有聲有色，大爲成功。例如：

㈠開發沿線的土地，蓋房子，以分期付款的方式大量出售。

㈡在「寶塚」創設大劇場，組織少女歌劇團。

㈢創立位於電車、地下鐵道終點的百貨公司（Terminal department store）。

諸如此類，全都是他從未經手過的專業，卻無不做得成績非凡。他所提倡的「門外漢成功論」，聞名四方。依據他的說法，所謂行家，不容易從自己建立，或是體驗的框子裏衝出來。門外漢就不同，他不受既成的事物所拘囿，因而得以收集新事物，造出新創意，這就促成他的成功。

門外漢的「小林一三」，能夠經營鐵路、分期付款式住宅、少女歌劇團、百貨公司、電影、劇場等等事業，而且無不一舉成功。

這個例子告訴我們，管理上，也可以仿效這個手法，讓員工發揮他們的能力。也就是說，要部屬做某種工作時，必須委以全權，使其盡展所能，創出超過行家的績效。

秘訣3　IBM的管理信條

以製造電子計算機稱雄於世界的IBM（International Business Machines Corporation），它之有今日的地位，原因何在？

當然，一般人會舉出，它在技術、組織力、經營力方面的卓越表現，是使其成功的因素，但是，瓦特生二世卻指出：

「這個原因，應該是第一代總經理湯瑪斯．J．瓦特生所抱的經營管理的信條使然。」

湯瑪斯．J．瓦特生出生於紐約州北部的一個農家。他在平凡而幸福的家庭中長大。這個家，質樸爲風，道德上的教養，至爲嚴格。他的父親教過他最有價值的事是：

㈠接觸任何人都有禮，且有敬意。

㈡恒保光明正大，誠實待人。

㈢做任何事都竭力以赴。

在當時的美國鄉下，爲人父母者無不以此訓誨子弟。不少人把少年時代的這些教訓，當做不值一道之事，久而久之也就忘了。

只有瓦特生，終其一生，銘記於心，而且身體力行。他四十歲那一年，受邀進入CTR（計算、整理、紀錄機公司），參與經營。

不久，CTR改名爲IBM，邁上日有進展之境。成爲IBM經營、管理信條的，就是前面說過的瓦特生遵守的生活信條。他只是把那些信條，化爲經營、管理上的信條而已。

㈠我們尊重個我。

㈡本公司希望成爲，在全世界對顧客的服務做得最好的公司。

㈢我們要有如下的觀念：一個組織在從事它的工作時，必能以優異的方式完成那個工作。

這就是說，瓦特生在氣氛悠閒的美國田園地區，從父親學來的人生信條，居然成爲現代企業組織（在最講究科學，而且高度複雜的企業組織）中，甚具效率的經營、管理的指針，說來，是一件很有趣的事。

IBM在它的成長過程中，不管是規模、組織，或是技術上，與創業期相比，無不面貌大異，唯獨未變的就是創始人經營、管理的信條。領導者的信條對帶動員工，至爲重要。IBM的這個例子，實在值得身爲幹部的人，再三深思。

秘訣4　挨罵才會成長

「山善」公司社長「山本猛夫」，他指導員工的方法，與一般人截然有別。員工有什麼長處，他總是絕口不稱讚，倒是一發現員工的缺點就毫不客氣地指出，嚴加訓練。

一般人都認爲，這種方法必定無法使這年頭的年輕人心悅誠服地跟著他走。事實上，他這一套手法，卻成效宏大。

他在管理上採取這個方法，追根究底，是源自他自己的體驗。學徒時代，他常常挨罵。犯了某種錯失就挨一頓訓，這還算沒話可說，有時候，對方情緒不佳，也大罵他「態度傲慢」，眞叫他感到嘔氣。

在他從事生意之後的第十年左右，他才對挨罵之事有了另一種觀念。也就是說，當有人罵他，他就會想：

「眞感謝他說出了我的缺點。」

人，經常被稱讚就容易自大、自負。相反地，有人對他斥責、叱叫，他就在那種環境下，受到磨鍊，人，也隨著逐日成長。對方在毫無報酬的情況下，指出他的缺點，這不是很值得感謝的事嗎？

「山本猛夫」有了這種觀念之後，才覺得自己已經是個可以獨立自主的人，對事業也有了信心。

從此以後，卽使受到同業的任何斥罵或是譏誚話，他一直保持不怒言相向的作風。

「山善」在挨罵中吸取教訓，不斷有了進展，反看那些譏誚爲能事的同業，不是倒閉以聞，就是日趨衰頹。

人，不斷挨罵之後才會成長——這是「山本猛夫」從學徒時代早已有之的生活信條。當他成爲一社之長，他就確信這才是最有效果的作育員工的方法，因此，在管理上他就毅然採用這個手法。

由於這個緣故，在「山善」公司，由上到下，徹底實行這種「不稱讚員工的長處，但是一發現員工的缺點就嚴厲地加以訓練」的管理手法。

這個管理方法之所以有效，原因是在：

㈠經營者本身對這個方法的效果確信不疑。

㈡員工也認爲，受這種方式的訓練，有助於個我和公司的進步。

管理和指導部屬，並沒有所謂絕對的方法。要緊的是，身爲上司的人，能夠依據自己的生活體驗，以最拿手的方法來管理，才有實效可言。

秘訣5　讓員工學習物理學

「名南製作所」社長「長谷川」氏，實施「全員學習物理學」的方法，成功地造就了幹才。

他曾幹過數種行業，由於看到一般企業在管理上太忽視了人性，因而義憤塡胸，下決心創設「名南製作所」，打算透過自己的手，創造員工可以找到生活意義的工作環境。

十年之後，他觀察了一下自己的公司，看看是不是成爲員工感到有工作意義的公司。那時候，他不禁慄然而恐。

因爲，他發現在這十年中，組織已經細分到不能再細分，作業也日趨單純化，員工已經成爲齒輪式的人，喪失了積極向上的鬪志。

這就是說：一切都與他原來的志向，背道而馳。

他一再沈思如何才能創造員工感到有意義的工作場所，結果，他發現了如下的道理：人，朝著提升自己的目標努力，當提升自己的目標獲得實現，就有充實感和成就感。又，完成某一件工作時，人也會感到不虛此生，覺得人生頗有意義。

這種充實感、意義感，在擔任分工化工作的一部份時，並不會產生，只有在擔任一貫化的工作時才會產生。

但是，要完成一貫化的工作，必須有個條件，那就是，從業員的能力務必達到某一個水準。要做到這個地步，應該實施哪一類的教育？

經過左思右想的結果，決定讓全部員工學習物理學，他認爲，這才是達成這個目標的捷徑。

爲什麼他認爲員工們必須學習物理學？理由如下：

㈠「名南製作所」是開發合板機械的公司，員工都有物理學的知識，說來是個基本條件。

㈡如把學生時代學過的物理學教科書的內容，在理論和實際雙方面獲得兩相印證的機會，而且完全把它融會貫通，就有可能成爲產業界第一級的技術人員。

於是，他就下令每周撥出四小時，讓全體從業員學習物理學。在學習的時間內，停止一切作業。

就這樣，等到員工已有學習成果，具備了做邏輯性思考的能力，他才組織了夢寐已久的企業計劃小組（Project team）。

從業員因而獲得一貫化工作的機會，他也因而完成賦予員工有生活意義的工作場所這個願望。

這種作育人才的方法，可說是獨特無比，由此可知，一個領導者（上司）的管理哲學，至爲重要。

秘訣6 讓部屬不斷進修

每一個上司都有獨特的管理手法。他們驅使那個獨特的手法，在管理上創造各自不同的成果。

有些上司，善於斥責，兼用意氣相投的方式，帶動部屬。

有些上司，善於鼓勵、稱讚，使部屬意願泉湧，努力不歇。

每一個人都有各自的長處和魅力，只要仗恃它們，活用它們，就有某種程度的成果出現。

拿歌手和演藝人員來說，起初，無不以個人的魅力爲資本，大做號召，受到世人的注目後，就贏得各年齡層的歌迷、影迷。

但是，如果一年到頭只憑個性上的魅力，不久，就被大衆厭棄、忘卻。尤其，在這種變化的節拍日趨快速的時代，這種現象就更爲顯著。

想把大衆吸取不放，不能光憑魅力，必須培養自己眞正的實力。唯有這種人，才能超越變化，表現眞正的演技，抓牢大衆的心。

一個上司也是如此。

如果有甲和乙兩個上司。甲是個只停留在某個階段，無法再更進一步的人。乙是隨著企業規模的變大，地位的晉升，日日有進的人。

甲和乙的差距，在這種情況下，勢必愈拉愈遠。

日有精進的人，一定是：

㈠雖然具有個性上的魅力，以及他人莫及的某種本領，但是，不敢只仗恃這些。

㈡還能不斷地進修，以便適應新的變化。

在日本計劃創設四百二十七家連鎖藥店的「HIGUTE」製藥公司社長「樋口」，如是說：「趁年輕的時候要好好讀書。高中畢業的人不太喜歡看書，大學畢業的人比較喜歡看書。」當了店長之後，高中畢業的人，幹得比大學畢業的人還要好，起初的半年是這副模樣，可是，一年之後，業績就停止不前。

大學畢業的人，當了店長之後，起初的表現並不怎麼出色，但是，約莫一年之後，就嶄露頭角，實力日增。

高中畢業的人，不喜歡進修，只知勇猛闖進，不想大動腦筋。大學畢業的人卻與此相反。

當一個人的職位比前更高，相對地必須多方研讀有關的知識，增進自己的實力。缺乏這種進修的精神，一個人就無法大成。」

身為上司的人，應該懂得這個道理，除了自己不斷進修，也得鼓勵部屬不斷進修。

秘訣7　好選手不一定是好教練

「好選手不一定是好教練。」這是常被討論的一句話。在選手時代，發揮過驚人才能的人，一旦做了教練，總是把自己的方法硬加在選手身上，要他們如法泡製。

如果，選手們無法做到就罵說：

「這麼簡單的事也做不好？」

可要知道，人各有擅長，突然被別人强加某種新手法，往往是無所適從，效果不彰。

與此相反，選手時代並不怎麼起眼，但是，經一番努力，克服困阻，終至成爲好選手的人，一旦當了教練，由於自己嚐過不少辛酸，對陷入低潮的選手心理，瞭若指掌，所以，指導起來總是甚得要領，選手也肯接受其指導，學習效果也就顯得驚人。

精諳某種事，實力亦足，這是一回事，善於指導和帶動別人，這又是另一回事。

毋寧是說，就爲了自己有才能，往往造成「拙於帶動別人」的現象。這都是由於一意要把自己的好體驗，强加於別人身上招來的結果。

有個傾向是：愈有才能的人，愈要把自己的體驗，强加於別人身上，而妙就妙在，很多部屬對這種上司，總是皺眉以對。

培養「白井義勇」成爲蠅量級拳王的卡安博士，並不是拳擊能手。

他只是喜歡拳擊，因此，經常去看拳擊賽，從中培養出一眼可以看穿選手潛力的第六感。

有一次，他在某健身房，看到「白井義勇」在練習拳擊。當時的「白井」，名不見經傳，誰也沒能看穿他具有成爲拳王的潛力。

卡安博士卻在看他練習時，就下意識地覺得他有莫大的潛力，因此，硬說服了他，成爲他的教練。

在卡安博士的指導下，他的實力逐日大進，終至贏得拳王頭銜。

由此可知，身爲上司的人，若要指導或管理部屬，必須懂得處處以對方爲中心來設想，還得抓住人心的微妙，對人心有所訴求，否則難有成果可言。

秘訣8 信任到底

「松下幸之助」能夠使他的事業在異乎尋常的速度下有了發展，秘訣之一就是：用人的方法超乎常人。

信賴別人，使之盡展才能——在這方面，他可說是具有旁人莫及的能力。

他獨力創業之時，「松下電器」的產品就以價廉物美揚名四方，其主要原因就在，他發明的製造方法極爲優異所致。

一般說來，這種製造方法向來都被發明者視如珍寶，守秘到底的，頂多也只能透露給自己的親戚或是家人而已。但是，他卻毫不顧忌地將這些秘密教給他認爲可以造就的任何從業員。

有人提醒他：

「把這麼重要的秘密都教給從業員，不是太危險了？」

他滿不在乎地答說：

「用人而能寄予信賴，這一類事算什麼？小氣巴拉的作風，反而對事業的發展造成不利呀。」

他曾經回憶說：

「就爲了我是以這種態度去經營公司、管理員工，所以，用人就如手使臂，順利無比，事業的進展也是快速無比。」

當然，他也被別人背叛過，卽使有這種經驗，他還是認爲：要如手使臂地用人，以及使事業蒸蒸向榮，除非信賴別人，委以全權，使之盡展才能之外，實無他途。

這就是他的人生觀，也是他的經營哲學。說來，是得自他的體驗。

任何人在受到信賴的時候，都會感到快樂，而且產生全力以赴的心情。

問題是在，事情很難百無一失，這就是世事不盡如人意的地方。

有一種人，卽使受到信賴，就是不肯全力以赴，反而辜負了對方的一片心意，甚至以背叛回報，這也是常有的事。

這麼一來，如何信而不疑，而且使對方不至於背叛，就成爲很重要的事。

要做到這個地步，就得靠力量和睿智。

如果，對別人信而不疑的人，又具備了力量和睿智，被信賴的人就很難興起背叛的念頭。「松下幸之助」就是具備這種條件的人，因此，能夠信任別人，且使之盡展才能。

信賴別人是一件相當難的事，這就是說，眞正能夠信賴別人的人，一定也會受到對方全副的信賴。

秘訣9 培養野鴨

IBM的瓦特生二世，經常向公司的中堅幹部提出警告，因爲，他們的態度往往過於審愼，只敢做規則範圍內的工作。

瓦特生二世寧願他的中堅幹部成爲野鴨。他引用丹麥哲學家奇兒科加德（S ren Aabye Ki erkegard 1813~1855）的話，說：

「野鴨，或許可以將牠馴服，但是，馴服的野鴨，將無法恢復牠的野性。又，被馴服的野鴨，將無法再飛往任何地方。企業需要野鴨。」

也就是說，他期待於幹部的是：希望他們都是充滿野性的野鴨，充滿活動力的野鴨。

中堅幹部之所以一味逞强，或是不肯向危險挑戰，第一個原因就在，誤以爲經營者獎勵的是「依照規格行事」。

第二個原因是：隨著組織的龐大，裏面的人就逐漸成爲規格化的人。這是組織的缺點所致。具有世界企業（world enterprise）的組織，對將來的戰略也策劃周密的IBM來說，最大的敵人是：

由於組織過於龐大所造成的內部問題。

這就是瓦特生二世的觀點。他認爲，IBM目前重大的課題是：

㈠在組織已經龐大的今天，如何謀求組織的一體化？

㈡在龐大組織之中，如何作育有才能、自信和洞察力的人才？

㈢如何使IBM的經營信條，滲透於龐大組織中的每一個成員？

IBM今後的命運，就在能否做到這三點。

如果做不到，IBM這個企業巨人，將面臨從內部轟然崩潰的危機。換句話說，IBM的敵人是在自己的內部，不是在外部。

爲了解決這個課題，ＩＢＭ的從業員，縱令組織龐大到何種程度，也不能成爲「被馴服的野鴨」。

他們有必要成爲「恒保野性，具有挑戰意願的野鴨」。爲了達成這個目的，ＩＢＭ揭示了「思考的哲學」這個路徑。

只要透過「讀」、「聽」、「討論」、「觀察」、「思考」這五個階段的訓練，作育具有才能、自信、洞察力的人才。那麼，不受組織的束縛，無時無刻都有挑戰意願的野鴨，就會從中產生了。

第二章

如何運用策略帶動部屬？

秘訣1　認清用人的關鍵

信任部屬，因而把工作的全權交給他，哪知，部屬卻辜負了期待，使上司塌了台。

這種現象，到處可見。很多上司都埋怨說：

「即使你信任部屬，他們也不竭盡其力。要相信時下的年輕人，更難以辦到。他們很會要手段，又沒有責任感，你信任他們，遲早會遭殃。」

信任部屬，而部屬也能體諒上司的苦心，表現得令人滿意，那就皆大歡喜。問題就在，事情可沒那麼簡單，這是一般上司共有的煩惱。

解決這個問題的秘訣在哪裏？

韓非子在兩千年前就透過下面的故事，告訴了我們處理此類問題的秘訣。

魯國人陽虎常常說這樣的話：

「如果，君主聖明，做臣子的人定會誠心誠意服仕，不敢有二心。若是君主昏庸，臣子就心懷奸邪，但是，表面上卻裝得沒那一回事，然後，暗中欺君而謀私利。」

陽虎由於這句話而被逐出魯國。

他到了齊國，齊王對他疑心頗重，他只好逃到趙國。趙王接納了他，封他爲宰相。

近臣向趙王進諫說：

「陽虎這個人，據說很會爲私利打算，爲什麼要用這種人做宰相？」

趙王答說：

「陽虎會尋找機會謀私利，我呢，爲了防止他這麼做，會小心監視他。只要我擁有不至於被臣子奪走權力的力量，他豈能得遂所願？」

趙王就這樣把陽虎控制得不敢有所逾越，陽虎呢，也充分發揮了他的能力，使趙國的聲威，遠播於諸國。

趙王很了解，用陽虎這種有才氣且心有二志的人，如果稍一不愼就會惹出大禍，但是，如果使用得當，就能使之發揮驚人的力量。

通常，才能出衆的人總是有某些「毛病」，壞招兒也多。如何使這種人的缺點不至於冒出來，只發揮出其長處，這就全看用他的人，是不是有手腕和器量了。

管理部屬就要做到：「引出他們的長處，使之發揮長處」，部屬就不得不往發揮長處的路走，背叛或辜負上司的事，就無由發生。

秘訣2　引出人性的優點

「出光興產」這個公司，採用的是尊重人性的經營管理。

這個公司爲了尊重員工，實施幾種很特殊的管理方式，例如：

㈠員工不必簽到、打卡。

㈡絕不把員工革職。

㈢未訂退休的期限。

這種尊重人性的經營管理方式，源自「出光興產」創始人「出光佐三」的生活信條。他，畢業於「神戶高商」。這個學校以名門學校聞名，這裏的畢業生以就職於「三井」、「三菱」等一流企業的居多。

可是，他一畢業就供職於「酒井商店」。這是個人經營的商店。

學生時代，他的家沒落到父母都被迫住進簡陋的大雜院內。有一次，他回家省親，看到這個情況，不禁愕然大驚，爲了挽回家運，他決心早日學通做生意的方法，以便獨立創業。這就是他一畢業就供職於「酒井商店」的原因。

在那裏，他穿的是學徒的衣服，做的是出售石油的工作。同學們看他如此「貶格」自己，罵說，他沾汚了校名。

在這樣的情況下，他仍然不喪失信賴別人的觀念，主要原因是在，受了「神戶高商」校長M氏的感化所致。

M氏待學生很嚴格，但是，作風民主，愛心又濃，所以，學生們無不敬若慈父。

他從M氏那裏學到，以「無私之愛」去接觸別人是一件很重要的事。

另一位給他影響極大的人，是某富家子弟H氏。

學生時代，他就住在H氏住處的附近。H氏看到他一畢業就扎圍裙當學徒，而且以全副精神從事工作，對他甚爲賞識，於是，送他一筆賣別墅得來的鉅款，勸他獨力創業。

他在學生時代，嚐過家道中落，同學唾棄的辛酸經驗，另一方面，卻也嚐過愛的教育，H氏的慨然協助等等人性良善的經驗。

對人性善惡的兩面，他可說是瞭然於心。雖然如此，他還是堅信：尊重別人是一件很重要的事。

「出光興產」這個公司，之所以標榜尊重人性良善的一面，靠這種經營方式大獲成功，原因就在創始者有這樣堅定不移的精神所致。

秘訣3 上司應有的見識

人，都有好好工作的念頭，也有好好玩樂的念頭。這個事實只要看看人類大腦的構造，就不難明白。

大腦的皮質可以分爲上、下兩種。上面是新的皮質，下面是舊的皮質。新皮質有理性的功能，舊皮質有本能、感情、慾望等等的功能。新皮質表現「想好好工作的部份」，舊皮質表現「想好好玩的部份」。人，是生來喜歡工作，或是喜歡玩？這是常常成爲討論。

心理學家馬格列卡大倡X理論、Y理論，曾經對這個問題做了這樣的說明。

㈠X理論：認爲，人是生來不愛工作，因此，要使人工作就得運用上司的權威，對部屬下命令，以强制性手法爲之。

㈡Y理論：認爲，人是生來喜愛工作，因此，只要造出適合的環境，就能使之勤奮工作。馬格列卡相信的是Y理論，所以，當他成爲安齊奧克學院院長，就依據他相信的Y理論，創辦大學。

要使教授們發揮能力，就得盡量任其自由，自己只站在勸告者、顧問的立場——他就以這個態度對待教授們。

事情是不是一如他所想的那麼順利？教授們都是好講道理的人，因此，各有主張，而且堅不退讓。對方反駁之時，就更不認輸，於是，針鋒相對，搞得無法收拾。

這時候，身爲院長的馬格列卡，應該憑其權威和見識，從中操作、管理才行。事實上，從頭到尾他都無意這麼做。

實踐派經營學家阿諾斯特．德爾，看到這個情況後，批評說：

「以爲人是生來喜愛工作，而任他們爲所欲爲，就能做得好，這種觀念，無異於幼稚園程度的民主主義的觀念，不是太可笑了嗎？」

讓幼稚園的小孩，任其爲所欲爲，說不定有一天，其中的一個人就會點了火柴，燒起房子來，豈不糟糕？

安齊奧克學院就造成類似的情況出來。無法看穿人類善、惡雙方面的馬格列卡，就這樣爲自己帶來了失敗的命運。

秘訣4　引導部屬的弱點

人，在初次見面的時候，彼此都想看穿對方是何等人物。

當判斷對方比自己還行，就向對方表示敬意，如果判斷彼此不相上下，就放下心來與之相交。

若是判斷對方比自己差得遠，就以不屑一顧的態度，看輕對方。

上司和部屬之間的關係，也是如此。他們彼此都在想，如何看穿對方。

有些上司，是存心要作育人才，有些上司則只想巧妙運用部屬，藉此提高部門的業績，或是半帶威脅地利用部屬。

在部屬這方面來說，有些部屬，是打心底要認眞工作；有些部屬則只想到如何避免被驅使，如何做得有要領而不至於太辛苦，如何敷衍正業另做副業增加個人的收入。

這種虛虛實實的人際關係，在現實世界裏，不時形成一種漩渦。

於是，身爲部屬的人，總是先想看穿上司是怎樣的一個人。

㈠我喜不喜歡這個上司？

(二)這個上司是好人還是壞人？
(三)這個上司值不值得尊敬？
(四)這個上司有沒有能力？
(五)這個上司的作風如何？

部屬為了看穿上司，從諸如此類的角度去觀察上司，到頭來，他就有了一些眉目。據此認定（假定）上司是怎樣的一個人（例如，不太討人喜歡；不能令人尊敬；能力還算不差；看來是一個好人……之類）。

但是，這只是「假定」而已，上司的眞面目還無法徹底看穿。

於是，部屬就對這些假設來個挑戰。例如，故弄玄虛，以探眞實。

部屬會拿自己最精諳的事，對上司來個不懷好意的質問。要是上司答得支吾其詞，或是無詞以應，就不客氣地刺他一句：

「課長，連這麼簡單的事您也不曉得？」

這時候，上司如果一句話都吭不出來，可就有得瞧了。此後，他就再也管不了部屬了。

身為上司的人，對如此嚴酷的人際關係早該有個體認，縱令給逼到那種窘境，也要想辦法閃開。所以，平時就該具有這方面的手腕才行。

例如：輕輕地回他一句：

「像你這樣幹了那方面的事有三年之久，應該了解透徹才對，爲這種事而炫耀，不就表示你還年輕不懂事嗎？」

在部屬强過自己的事情上，不與較量，巧妙地躲閃而過，緊接著在自己强過他的事情上，引導部屬。

看到如此從容不迫的上司，部屬就覺得：「這個上司可不簡單」，因而俯首認輸。具備孫子兵法中的一些竅門，也是身爲上司的人不可缺的條件之一。

秘訣5　不打沒把握的仗

在公司常常看到上司和部屬議論（或是激烈爭論）的場面。

上司覺得如果輸給部屬，實在臉面無光，因此，急於駁倒對方。部屬呢，也以不服輸的精神，硬要把自己主張的小道理，堅持到底。雙方的情緒，愈來愈高昂。上司就想拔出「權威之劍」，來壓制部屬。就算此計得逞，由於憑恃的是權威，部屬內心就有許多的不滿，對上司的信賴感也就喪失殆盡。

孫子曾經告誡說：

「沒有勝算的戰爭，及早抽身爲宜。」

沒有勝利把握的戰爭，如果繼續下去，徒增損害，百無一利。所以，跟部屬議論而覺得結果只會成爲「抬死槓」的局面，就得說一句：

「瞧你，對這些事也下過相當的工夫哪。」

如此這般，讓他臉上增光，自己則全身而退——這是上司應有的管理技巧之一。

根據孫子的說法，被引入這種毫無勝算的戰爭，等於是掉入對方所設計的「陷阱」。身爲君子（上司）的人，應該在交鋒之前就能識破敵人（部屬）的陰謀。

毋寧是說，上司應該處處把部屬拖入自己的步調裏，以上司之强處，領導部屬脆弱之處。

孫子如是說：

「攻而必下的人，總是由於攻其不備之故。」

部屬最常見的弱點就是，專門從事某種工作久達三、五年，對工作的了解無不細密到家，可是容易成爲「行家之愚」，視野旣狹，判斷易誤。

不少部屬會仗恃自己精諳的知識，而瞧不起上司，原因就在這裏。

上司由於歷經種種部門的工作，視野廣濶，經驗亦豐，看一件事總是從大局著眼，因此，判斷也正確，洞察力也强。

只要發揮這些長處，以正確的判斷、卓越的洞察力去領導部屬，部屬就恍悟「上司畢竟是上司」的道理，因而對上司刮目而看。

不過，身爲上司的人，如果平時就沒有培養這一類的實力，那就另當別論了。

第三章 如何提高說服力？

秘訣1　漸進之策

某兒童心理學家做過下面的實驗。

從六十個小孩中選出領導級的十個人。另外的五十個小孩，則分成十組，各組都讓他們每天一起玩個三十分鐘。

當每一組的小孩，「使用椅子或是玩具遊玩之後，隔不多久，各組都有了獨特的遊戲方式。這種遊戲方式就稱它爲各組的「傳統」。

等到有了這種「傳統」，才把原先選好的十個領導者，分配到各組裏面（一組一個）。領導者一到每一組，就想用自己的方式，指導組員遊戲，也就是說，打算打破原有的「傳統」，創造新的「傳統」。

可是，組員卻群起反對，把領導者排斥。領導者知道自己遭到排斥，於是，他就放棄立刻改變「傳統」的念頭，改爲盡量使自己跟其他的人融合在一起。

領導者跟其他人以同樣的方式遊玩之時，由於做什麼就像什麼，充分發揮了實力，其他的小孩就漸漸跟他相近，後來，就承認他爲該組的領導者。

領導者獲得大家公認之後，就開始在改變「傳統」上，大下工夫。那時候，其他小孩就不再反對，順從領導者之意，把「傳統」逐漸改過來。

這是在育兒院發生的例子。也許，不少人會認爲，這是小孩的例子，在大人的世界，這個道理可不能通用。

錯了！即使是在大人的世界，如果運用在說服上，這個方法照樣管用。

當你說服一個人，如果不顧到對方的觀念、立場，定會遭到抗拒。因此，首要之務是了解對方的想法，接納對方的想法。

然後，把自己優異的一面，設法使對方自自然然地承認。經過這樣的努力，對方才會欣然接受你的意見。

秘訣2　要有牽引力、親和力

社會心理學家指出，一個新進人員如要順利獲得集團的接納，必須具有「牽引性」和「親近性」。

也就是說，新進人員務必出示自己的優點，藉此吸引（牽引）集團中的人。

這一關得以順利闖過，集團中的人就對他感到魅力，進一步想拉他成爲他們的伙伴。

但是，新進人員若是給人印象太强烈，集團中的人就對拉他爲伙友之事感到猶豫不前。因爲，新進人員的牽引性太强的話，在伙友之間業已建立的秩序和關係，就有受到威脅的可能，因而給他們「難以親近」的印象。

爲了避免這種現象，新進人員必須讓大家覺得，自己是個易於親近的人。爲了達到這個目的，言擧必須客氣萬分，有時候，甚至有必要裝得讓大家以爲，自己是個傻呼呼的人。

如此一來，集團中的人就不會防備在先，也不會疑心深重，他就得以運用親近性，達到被接納的目的。

事實上，不少人就無法做到這個地步。毋寧是說，賣弄聰明，一意炫耀自己好的一面，硬要大家接納他，這就造成別人認眞反抗的局面。

要說服別人的時候，牽引和親和之力，也斷不可缺，兩者如不相輔相成，就難有說服之效。

一般而言，小人總是過份顯出「牽引」力，親和力方面則大缺，因而招致失敗。

有這樣的一個故事。

明治元勳「西鄉隆盛」是個奇傑。有一次，一個自稱曾經說服過「勝海舟」（也是明治元勳之一）的武士，挾其餘威，也打算來說服他。

「西鄉」哈哈大笑說：

「我呀！到了霧島山打獵，卻被一隻狐狸騙得團團轉，在山中迷了路，費三、四天工夫才回到這裏，這樣的一個傻瓜，怎能跟老兄這種英雄談天下之事？唉，與其談那種事，不如吃一碗當地的名湯吧！」

那個武士驚於他胸襟之大，自嘆不如而承認敗北。

「西鄉」短短的一句話，充分發揮了牽引力和親和力，使對方「未戰而屈」。

秘訣3　看人而說

俗話說得好，「見人說人話，見鬼說鬼話」。

每一個人的要害，各有不同，只要抓住對方的要害，針對它而訴求，說服才能成功。

這麼簡單的道理，很多人卻不曉得。因此，意在說服，卻無意探出對方的要害，只知以自己相信的方法，從正面猛攻。

這就跟推銷一件商品而只知胡亂猛說一樣，效果之小，自在意料中。

一個電腦的推銷員，平時推銷的時候，只知口若懸河地陳述產品的性能有多好，由於業績不理想，他幾經思考，發現如果不逮住顧客的要害去訴求，銷量奇差的現象，絕不能消除。

於是，他把推銷方式連根改變。

跟顧客見面時，他不再滔滔不絕地推銷，先問對方：

「貴公司目前最關心的是什麼？」

或是問說：

「貴公司目前爲什麼事煩惱？」

他採用發問法，使顧客不得不說話，自己則專心傾聽。

有一次，他在某纖維公司也向採購負責人問這一類的話，對方答說：

「我們公司最頭痛的問題，是如何減少存貨，如何提高利率。」

他回到公司後，找到公司的專家，跟他討論如何使用本公司的電腦就能使對方的存貨率減少，利益率增加。

把這些資料全都整理好之後，帶著它再去造訪纖維公司的採購負責人，一邊出示資料，一邊說明如何使用電腦減少存貨率，提高利率。

採購負責人一聽，可眞是喜若天降。

「照你的說法，我們公司最感頭痛的問題就可以連根解決，實在太好了。把這些資料留給我，我一定向上司報告這一件事，協助你銷售這個電腦……。」

尋出對方認爲最有價值的事，針對它而訴求，說服就一擧可以成功。

秘訣4　希求水準要高

在談判損害賠償或是收買土地的時候，或勝或敗，全看雙方的交涉能力如何。

這種交涉能力，對如何說服別人，頗有參考價值。

美國某家公司做過下面的實驗。

某製藥公司（被告）與消費者（原告）之間，爲使用某種藥而帶來眼睛的後遺症，打起官司來。

原告分成好多組，爲製藥公司該付出多少賠償費而各自與製藥公司打官司。

觀察、分析的結果，從中發現了足以使談判有利於原告的「原則」。

那個原則就是：

提出很高的希求水準的人，獲得最高的賠償金。

希求水準的意思就是「原告想達成的目標」。在這個例子裏，發現了下面的結果：

一開始就要求被告賠償二百萬美元，或是一百八十萬美元的人（希求水準高），所獲得的賠償金，比一開始只要求被告賠償一百二十美元，或是一百萬美元的人（希求水準低），多出許多。

例如，請求賠償二百萬美元的人，獲得一百六十萬美元，請求賠償一百二十萬美元的人，獲得一百萬美金。

妙就妙在，獲得一百六十萬美元的人和獲得一百萬美元的人，都對自己獲得的結果，表示滿意。

獲得一百六十萬美元的人，雖然得到的金額比要求的二百萬美元少了一些，但是，爲了獲得比標準額的一百萬美元多出甚多而感到滿意。

獲得一百萬美元的人，雖然比要求的一百二十萬美元稍微少了些，卻爲了得到近乎一百二十萬美元而感到滿意。他爲小目標就感到滿意，所以，無法得到更大的金額。

一開始就提出很高的要求，含有使談判觸礁的危險性。但是，明知如此，仍然「大開口」，表示自己對這次談判有信心，這種信心就成爲說服對方莫大的力量。

第二個原則是：

「敗北的人在交涉過程中，總是做很大的讓步。」

做很大的讓步，無形中表示自己對這次交涉沒有信心，等於減弱了說服對方的力量。

秘訣5　期待於部屬的長處

人有各種類型，也各有長處和短處。

要培養人才，必須盡量發掘對方的長處。這一點，「松下幸之助」就做得很漂亮。他認爲，做上司的人要盡其可能注意部屬的長處，也要盡其可能莫去注意部屬的缺點。由於太重視長處，而把一個實力未見完備的人，配置於重要職位，因而招來失敗——卽使偶有這種現象，他也認爲沒什麼關係。

他對這件事的解釋是這樣的：

「如果，我只會注意到部屬的缺點，不但無法放手用人，平時還得爲了他會不會失敗而操心，這麼一來，事業的經營就趨於低潮，公司的發展就渺不可期。

好在，我向來只會看到部屬的長處、才能，因此，用人的時候就想：讓某某幹這個職位定有效果；讓某某做主任一定勝任其職；讓某某當經理，定能發揮效用。

由於有這種想法，我就能放心地把工作交給他們。也爲了如此，各自的能力都能不斷提升。

這個方式絕沒有錯，因爲，放眼而看，本公司的人才也不見得有什麼突出，大家卻把工作做得很好，在同業中，本公司的業績一直獨佔鰲頭，這證明了我這樣的用人方式是絕對正確的。

由此可知，身爲上司的人應該盡量看部屬的長處，活用他們的長處，同時，發現了缺點就及時加以糾正。

我覺得，在發掘長處上要用七分力量，找出缺點則用三分力量，這是最適切的標準。

我個人倒是在看長處方面用九分力量，看缺點方面用一分力量而已，因此，偶而招來失敗。

由此可知，過於看重長處也有其弊害，但是，這種偶而有之的失敗，如果當做作育人才的學費，想來也頗爲划算。

「松下電器」人才濟濟，也不斷孕育出人才，原因就在他有這種作育人才的獨特方式。

時下的每個企業，無不爲尋找和培育人才而付出莫大的精力、財力和時間，可是，效果並不理想，這是因爲在作育人才方面，欠缺「無可動搖的信念」使然。

冒一點風險是應該的，而期待於部屬的長處，以便求得莫大的效果——這是管理上應有的觀念。

秘訣6 培養有稜有角的部屬

「理光」社長「市村清」在年輕時代就是個好強成性的人，因此，經常跟別人衝突、吵架。「理研」社長○氏，倒是很賞識他，一下子把他從代理店店長，拔擢爲總社的經理。當時，總社的人無不嫉妒萬分，群起排斥，他呢，可是得理不饒人，也一一與之抗拒，所以，時起糾紛。

那一段時期，他在一次偶然的機會，遇到同鄉的前輩丫中將。他就請敎丫中將說：

「像我這種個性强硬的人，進了公司就不斷跟別人吵架、鬧事，是不是不適合做領導者？」

丫中將答說：

「你是很像糖球（Confeito，葡語）的人。糖球有很多稜角，你嘛，也是稜角太多。稜角就是缺點。你是不是對這樣的自己起了厭膩，打算成爲一個比較八面玲瓏的人？」

「您說得對，我正有這種想法。」

丫中將一聽就斥責說：

「那可不行！如果，你專心地去除稜角，或許可以成爲一個凡事圓滿的人，但是，人的等級就相對地變小了。

只要秉持眞誠，勇往直前，就不會有沒落之日。羅斯福說過：

『害怕缺點，乃小人之常。』

我對這句話也有同感。與其斤斤於矯正缺點，不如勇敢地把長處發揮出來，那才是聰明。人呀，只要年歲漸大，糖球凹下去的地方自然而然就給塡滿，成爲一塊大圓球。那時候，同樣是圓熟的人，等級可差得多了。

我毋寧是說，對年輕時不圓熟的你，反而寄予莫大的期待呀！」

丫中將的一席話，使他勇氣頓增，精神百倍。

後來，他會成爲與衆不同的經營者，丫中將這一段激勵的話，實在是功不可沒。

身爲上司的人，切莫只知挑部屬的缺點，應該看出部屬的長處，設法伸展其長處，使之成長爲一個大才。

秘訣7　拿出誠意和感情

「三洋電機」創始人「井植歲男」，是「松下幸之助」的內弟。日本戰敗後，「三洋電機」

成長迅速，在家電用具上的業績，僅次於「松下電器」。

「三洋電機」飛躍性進展的主要原因，在於「井植歲男」懂得作育人才。他認爲，經營企業當然要重視技術、設備，但是，如果缺乏操作、營運的人才，公司就無法發展。所以，大倡「企業的根底在於作育人才」，對人才的培育可說是特別用心。

「Suntory」社長S氏，曾經批評他說：

「一位善於發掘別人的能力，並且能使其能力大展的人。」

「井植」待人，以誠意和感情爲之。熟知他的人都說，要找出像他那樣被任何人親近的可眞罕見。

小時候的玩伴、同僚、部屬、交易對象、司機、飯店女服務生……，不管是誰，只要跟他交換過一句話的人，無不對他懷有無限的親切感。

這是因爲，他對任何人都以「誠意和感情」相待之故。

不過，如此受人喜歡的他，也遇到形同被從業員背叛的一次事件。

那是一九五八年該公司的工會剛成立的時候。工會接二連三地提出要求。他代表資方與工會代表見面的時候，對方一開始就拉開吵架的架勢。

對資方的回答稍有不滿，工人就組織示威隊，在公司內外大事遊行、吶喊。

向來以「誠意和感情」跟員工相處的他，看到這個景象，平時的信念不免也起了一些動搖。好在，他的誠意自始至終，未曾稍變，工會那邊也爲動不動就搬出「權利」來胡鬧，終必傷害到員工和公司，因此漸漸開始反省。一場糾紛，到頭來還是順利解決了。過去，他在無數的逆境中受過鍛鍊，一直堅信：

「只要以誠意待人，終必獲得回報。」

這個信念和作爲，使他得以把公司的危機化爲烏有。

秘訣8　訴之於成長的慾望

大家都說，這年頭的年輕人眞不好教育。

餐廳或是百貨公司的服務生，對顧客的基本禮節，往往缺乏到使顧客受氣，這種現象到處可見。

話雖這麼說，只要好好去了解年輕人的心理，並且抱著栽培他們的眞心，事情就可以大大改觀。

日本的「Itoyoka堂」就是一個很好的例子。

這個以超級市場爲業的公司，對店員的訓練可說是做得相當徹底，他們面對顧客的時候，無不笑容滿面，使顧客感到順眼，心裏也好受得很。

員工訓練做得徹底，原因就在，社長本身把這當做重大之事來處理之故。

I社長曾經爲他的員工訓練，說過這樣的話：

「本公司員工中的八成，是適婚期的小姐。我認爲，公司是受託於她們的父母，所以，以公司的立場而言，斷然不能讓她們成爲連個打招呼都學不好的小姐，回到父母的身邊，或是成爲連個購買方法都學不好的小姐，送到丈夫那裏。

由於這個緣故，公司對她們的要求相當嚴格，在商品知識的教育上，也花了不少錢。

我經常告訴她們：務必努力學習待客的方法，這樣不但是爲了顧客，也爲了公司，尤其是爲了她們自己。」

I社長不厭其煩地指導年輕的女店員有關待客的知識，一方面是爲了顧客，但是，對她本人的重要性更大——關鍵就在這一點。

時下的年輕人，由於缺乏某些重要常識而不時吃大虧。例如，不懂打電話的禮貌，因而使對方大爲不悅；態度簡慢，因而遭到誤解……。

影響所及，不但在工作上造成「負數作用」，對自己而言也是莫大的損失。

工廠管理新手法

人，對自己的成長無不寄以莫大的關心。

因此，與其對部屬說，你是爲了公司而教他們，不如說，是爲了他們自己而教他們，效果反而要大。

從這個觀點而言，I社長的教育方式，可說是正中要點。

教她們商品知識，目的是在希望她們將來能夠成爲善於購物的太太；教她們待客的種種禮節，目的在希望他們將來能夠成爲標準的新娘……。

由於目的在不斷教育部屬成爲更有成長的人，所以，不能不多方了解部屬，也會產生引導的熱忱。這種「事事爲對方著想」的觀念和作爲，就會撼動部屬的心，促進部屬不斷地成長。

秘訣9　以部屬的立場去想

經營顧問師F氏，說過下面一段有趣的商場見聞。

他說，一直被公認爲很會做生意的「大阪」商人，最近，已經給「東京」商人佔了上風。爲什麼？

「大阪」商人向來爲了賺錢以「利害」爲中心而活動。這種經商手法，在一九五〇年代，還算順利（商場上的變化不太激烈使然）。

時至今日，商場變化，一日數變，在這種時代，他們那種老套手法就漸漸不管用了。變化激烈的社會，使商場上的作爲也大受影響。以「利害」爲目的而經商時，由於交易對象經常在變化，不能不令「大阪」商人不敢掉以輕心。如此一來，變化愈大，他們就愈窮於應付這種局面，以至給攪得筋疲力竭。

與此相反，「東京」商人的經營手法，是以「人際關係」爲重。他們不會只爲「利害」而交易。

卽使一時有虧損，彼此都有設法使對方賺一筆，互相協助這種「信賴」的關係。雙方基於「信賴」而交易，因此，變化再大，人際關係還是穩固如常，所以大可放心地繼續打交道。

今後的經濟社會，變化的速度將更爲激烈，生意也勢必愈來愈難做。在這種時代，若要掌握商機，必須依靠某些「不會變化」或是「經得起變化考驗」的東西。

F氏說，經得起變化考驗的東西就是：以對方的立場考慮任何一件事。

一般人在思考時，不外乎三種方法：

㈠只站在自己的立場著想。

㈡以自己為中心，但也考慮到別人的立場。

㈢以別人為中心，但也考慮到自己的立場。

處於目前這種變化快速的時代，如果只知用㈠、㈡的方法（自我中心），自然是困阻必多。身為上司的人應該深知此意，凡事要先以部屬的立場去考慮，由此探出部屬的願望、觀念，擬定應變的對策。在這種情況下，部屬也比較容易接受上司的意見或是命令，工作上的成果就大可期待了。

第四章

如何使部屬感動？

秘訣1　毅然決然的態度

某中小企業的經營者，曾經大吐苦水說：

「現在的年輕人實在很難駕御。我出於好意讓他進來公司的職員，在內部有了不滿的時候，他也跟著別人一起反對我。

由於自己的問題而要辭職的時候，事先也不打個招呼，說走就走。

有時候，爲了慰勞部屬，在下班之後請他們喝一杯，就有人在旁邊發牢騷，說：

『白天拚命工作，晚上還得挨喝到半夜的疲勞轟炸，叫人怎能受得了？』

以權威臨之，他們就群起反抗；以民主臨之，他們就不把我放在眼裏……。

唉，這年頭的年輕人實在很難管理呀！」

想盡了辦法，仍然無法帶動部屬，這一定是「胡亂撒弄技巧」之故。使出管理技巧之前，如果上司本身缺乏一種信念，再好的管理技巧，也難有效果可言。

帶動部屬必須有某種信念，這一點，不妨拿魚的生態做一個比喻。

魚兒常常成群而游，如果其中的一隻，突然感到危機迫在眼前而逃，牠的感覺立刻就傳染給其他的魚。其中的幾隻會尾隨而逃。

可是，不多久，那些逃離的魚，就如給磁鐵吸住那樣，又回到魚群中。

在游來游去之時，有些魚也會離開魚群，但是，只一會兒就又回到魚群中。

一位生理學家曾經做過下面的實驗。

他把一隻淡水魚從成群的魚中取出，用手術取出牠的前腦。

被取出前腦的魚，在各種方面跟其他的魚並無不同，只有一點不一樣的地方，那就是，當牠離群游走，沒有任何魚伴尾隨，牠還是照樣向前游。

這隻沒有前腦的魚，當牠發現餌或是其他理由而離群時，不像其他的魚那樣左顧右盼，而是毫不猶疑地毅然向前直游。

其他的魚，看到牠那種毅然決然的態度，不禁緊跟隨著牠游去。

這個道理也可以套用於上司的管理部屬。

當你要率領一個集團，如果在態度上顯得毫無信念，下面的人就不會尾隨。

唯有態度毅然的人，才能帶動集團。

不懂這個道理的上司，往往只知要弄技巧，那就鐵不可能帶動部屬了。

秘訣2　信念非假

在日本有一家「醉心」餐館的經營者，他在全國擁有近十家的分店，生意一直很鼎盛。他們的女服務生，都給訓練得大方、有禮，很多父母都競相要求以她們爲媳婦的對象，這的確是少見的現象。

這家公司的職員教育，至爲嚴格。雖然很嚴格，卻進行得旣順利又有效果，令人不能不佩服。

他們的從業員以中學畢業生爲主。進去公司的頭三年，全員都得進入宿舍受訓。進去受訓之前，人人都要提出一份「特別誓約」，內容之嚴，實在少見。例如：

㈠三年內不准留長髮、抽煙、喝酒。
㈡訓練期間不穿西裝，只能穿學生服和工作服。
㈢每個月的薪資，必須撥出八千日圓做爲儲蓄。

提出這份誓約的年輕人，都能遵守公司的規定。要是有人留長髮，立刻就把它剃成平頭，爲這而提出抗議的人，當場就請他走路。

訓練了三年之後，才准許他們留長髮，由公司發給他們全新的西裝，然後，派他們到「大阪」地區的一流餐館「留學」二年。

要是在「留學」期間，認爲那裏比「醉心」還好，可以留而不歸。雖然有這樣的規定，迄今爲止，沒有一個「留學生」是留而不歸的。

時下的企業，無不爲人員的流動率太高而傷透腦筋，偶而有堪以造就的人才，就對之客客氣氣，唯恐跳槽。「醉心」卻厲行嚴格的管教，而著有成效，實在值得身爲上司的人，深思再三。

這個道理就跟前一項提過的「去除前腦的魚」一樣。「醉心」社長H氏，抓住了帶動部屬不可缺的信念，以毅然決然的態度對待部屬。這就是他成功的因素。

由於H氏的信念是「眞材實貨」，一無虛假，他的部屬才打心底服了他，對嚴厲的規則都能信守不逾。

秘訣3　源自「同事愛」的嚴厲作風

「醉心」社長H氏，曾經說過：

「大家都說，時下的年輕人不管用，我倒覺得，他們比我們年輕時還要了不起。」

這是有理由的。有一次，他問從業員爲什麼要介紹自己的弟妹進入本公司，那些從業員都異口同聲地答說：

「因爲，公司爲了員工施以嚴格的教育，生活方式也井然有序，使一個人得以不斷成長。」

H氏從年輕員工的這種答話中，感到現代青年的朝氣和熱情。爲了提高自己的素質，心甘情願地接受嚴格的生活教育——這種態度，實在叫H氏大爲感動。

H氏深信年輕人都有燦爛前途，所以，正如他的員工所言，爲他們而實施嚴格的教育。這件事本身，就會提高員工的品質，爲他們帶來幸福。

造就了這樣的公司，當然不是一朝一夕之功。那是根據H氏獨特的信念，耗費了長久的歲月才成功的。

H氏如是說：

「經營者要掌握有益於員工的某種教育目標，配以包容性極大的愛，以及細密的考慮，强而有力地引導他們——這是成功的關鍵。」

他又說：

「經營者必須摒棄爲自己的利益而錄用員工的錯誤觀念。透過企業，使經營者和員工都能獲得幸福——我們必須以這種態度錄用員工。」

H氏還有一個原則：每年一定親自訪問員工的家一次。透過訪問，他跟員工的家族增進感情，同時也認清員工的家庭環境，進而深一層了解員工。

這就不只是經營者對員工的關係，而是人與人的關係了。

對那些住在宿舍的員工，H氏也相當關心他們的家人，所以，每隔一個月到三個月，他都以親筆寫給那些家人的信，向他們報告子弟們的近況。

縱令信中的措詞不流暢，筆蹟不佳，由於是社長的親筆函，接到的人都大爲高興。這就造成公司、家族渾然成爲一體的局面。

就爲了經營者本身很重視員工，有這樣的風土，嚴格的教育才得以開花結果。

H氏如是說：

「我們要重視員工，可要知道，重視的意思並不是嬌寵，若有扯企業的後腿的員工，由於他們是企業的敵人，只好請他們離開。

十人之中走了一人，雖然剩下九人，只要這九人發揮了十人份以上的成績，反而對企業和員工有好處。」

身爲上司的人，應該把H氏的這一番經驗之談，牢記於心。

秘訣4 切莫迎合部屬

前面提過的「名南製作所」，由於讓全體員工研習物理學，使他們具備了共同的價值觀，以及用科學方式思考的能力，因而造成拔尖的成果而聞名於企業界。

有一次，一位中小企業的社長，造訪這個公司的社長「長谷川」，請教了下面的問題：

「我們公司的年輕人，總是不好好唸夜校，實在很傷腦筋。平時，我也不斷地教訓他們說，趁年輕要好好讀書，可是，他們卻經常翹課，跑去玩電動玩具、打麻將。

聽說，貴公司的年輕人都能安份守己地上夜校，學業以及在公司的表現都不錯，爲什麼我們公司的年輕人就做不到呢？」

「長谷川」沒有立刻回答這個問題，先問說：

「你們公司讓員工讀夜校，可有什麼補助？」

「有啊。他們都叫苦說，學校那麼遠，白天又爲了工作而疲累不堪，所以，最近還爲他們買了機車。可是，他們卻得寸進尺地要求該給他們加班費呢。」

「長谷川」就說：

「我們公司對讀夜校的員工，沒有給過任何補助。」

那位社長在百思不解中離去。

在「名南製作所」，也常有讀夜校的年輕人，氣咻咻地衝進社長室抗議的鏡頭。

「社長！公司爲什麼不替我們支付學費？別的公司，不但是學費，連教科書、鉛筆都由公司負擔呢！」

碰到這種情況，他就斥責說：

「你們到底是爲誰而求學？若是爲公司而讀書，我當然援助你們。爲自己求學，而且那又是對公司毫無作用的學問，本公司可沒有援助的義務。」

當那些夜校生，靠自力完成學業之後，他就告訴他們說：

「我要以社長的身份，送最隆重的禮物給你們。」

他們心中大喜，以爲有什麼大禮物可拿，不禁滿臉生輝，雙眼發亮。

「長谷川」緊接著說：

「你們不靠任何人的援助，獨力完成了學業，這等於是成就了一件了不起的事業。這就是我要送給你們的禮物。」

大夥一聽，不禁悄然無聲，這才對社長的眞心恍然大悟。

秘訣5　訴之於積極進取之心

「山善」社長「山本猛夫」的經營手法，以與衆不同而聞名。

這個公司對員工的教育，異常嚴格，所以，對新進人員從不嬌寵，也不會客氣。員工有什麼長處，就是從不稱讚，倒是猛找他們的缺點，嚴加訓練，走的是與一般管理方式背道而馳的方法。

因此，新進人員在半年內，可說是天天挨罵。這種挨罵的景象，並不限於新進人員，每個部門的成員，也天天爲執行「驅逐經營三惡」運動而賣力。

他們必須經常反省各自的缺點，以及部門業務上的缺點，每三個月就要提出三種改善方案。如果，怎麼努力業績也無法提高，就得開會檢討個人、部門的缺點，依大家的智慧，擬出方策，並且誓言改正。透過這種方法，任何員工到頭來都變得如同換了一個人。

在這麼嚴格的管理方式之下，員工都能甘之如飴，原因就在，「山本」的觀念引起大家共鳴之故。那個觀念就是：在瞬息萬變的工商社會的時代，個人也好，企業也好，若不是盡展能力，絕對無法生存下去。

今後的經營者和員工的關係，必須是「嶄新的家族經營」的關係。也就是說，員工雖然是別人的子弟，卻必須當做自家人相待。

當做自家人，意思並不是說要嬌寵，而是說，正如親生父母之糾正兒女的錯誤一樣，只要一發現員工的缺點，毫不客氣地加以指正，設法引出他們的潛力。

為了讓年輕人能夠充分發揮能力，他們採用「小部門獨立經營」的方式。

小部門的成員約莫十人，在部門之長的統率下，全權從事那個部門的工作。

全部成員必須對部門的業績，負起連帶責任。部門的業績一有提高，就立刻反映在薪資上。

由於以整個部門的人力、智力，共同朝向負責的工作，自然而然產生了連帶意識，大家無不為提高效率，而大動腦筋。競爭意識之强，無與倫比，因此，各部門都能發揮出驚人的戰鬪力。

這就是說，訴之於部屬積極進取之心，就能輕而易舉地帶動部屬。

秘訣6　赤裸裸的衝突

人與人的關係，如果一直停留在「敬而遠之」的階段，雙方的關係就無法產生進一步溝通的機會。

可是，突然為某一件事發生衝突，雙方都把一吐為快的話都說出來，或是狠狠地吵一架。事後，由於胸中疙瘩已經消失，往往就握手言歡，從此相處得異常融洽。

迪卡爾財政公司的業務經理S·M·狄畢遜，一向提倡「有了摩擦才有發展」的管理方式。他曾經有個助理，這個助理的工作表現，只是尚可而已。責備他的時候，也一副滿不在乎的模樣，稱讚他，也無動於衷。

狄畢遜想盡辦法要激發他的工作意願，但是，每次都告失敗。

有一天，狄畢遜不慎對他說出了一句不該說的話，助理一反常態，怒火三丈地跟他爭論起來。

雙方就在失去理智的情況下，把向來鬱積的內心話，全都搬出來，激烈地論辯了一場。

由於這次的偶發事件，雙方頭一次說盡了內心的話，因而產生眞正的溝通，此後，他們就變得凡事都能坦率交談。

時下的人都有一種牢不可破的觀念：以為年齡層不同，雙方的思考方式、價值觀就大異，因而很難有所溝通，彼此相互「敬而遠之」，無意把內心的話傾訴出來。

這就造成虛僞的客氣，而且一直保持不變。

上司和部屬之間，如果存在著這種關係，雙方的發展就到此為止，難望有什麼前景可言。

人類表面上的知識和價值觀，隨著時代而起變化，因此，年齡稍異，大夥就認爲對方是異質的人。其實，心理深層中的觀念，並不會那麼輕易改變，只要剖腹相對，以赤裸裸的心交談，都有辦法溝通的。

要是一直「敬而遠之」，當然沒機會剖腹相談，只好把偏見抱持到底，愈來愈覺得對方是個莫測高深的人，親近感自是無從產生。

如果，來一場衝突，就會恍悟到「他呀，還不是跟一般人一樣？」親近感就油然而生。坦誠相對——上司若有這種勇氣，拿它跟部屬來個「相撞」，情況就立變，也能夠在部屬心中，點燃「溝通之火」了。

秘訣7　率先而爲的氣魄

日本「愛知一中」曾有一位名校長叫做「日比野」。他年輕輕的就當了「愛知一中」的校長。

在走馬上任那一天，很多高年級的學生，瞧不起這個年輕校長，在禮堂中故意發出吵雜之聲，不好好聽他的話。

典禮完畢之後，校長就告訴那些鬧事的學生說：

「你們瞧不起我，因而不肯好好聽我上任第一天說的話，這是很遺憾的事。現在，我想跟你們比賽賽跑，如果我輸了，那我沒話可說，要是我贏了，今後你們可得好好聽從我的話。」

說完，他就率先進入跑道，跑起來。

那些學生見狀也紛紛跟著跑。心中都想：哼！怎能輸給這個年輕校長？

全校師生都圍在跑道四周，注視這一場賽跑將有怎樣的結果。

一周、二周……五周……十周。學生們愈來愈少，一個個都精疲力盡，半途而退。只有校長，一直精力充沛，保持原來的速度，跑到只剩他一個人。

學生們原是不把年輕校長放在眼中的，這麼一來，果然再也不敢小看他。從此以後，對他言聽計從，信服得無以復加。

有些事情是無法用道理去說服。如果，能夠用行動使對方不禁刮目相看，那就容易使之就範。

所以說，爲人上司者必須有率先而爲，引導部屬跟著跑的氣力和魄力才行。

話是這麼說，很多人卻認爲，帶頭引導別人並不是件易事，而畏縮不前。這種人就沒資格當上司了。

秘訣8　「電通」成功的秘密

如今，一提到廣告業，大家就舉起大姆指說，那是很男性化、很吸引人的行業，社會對它的評價相當高。

在一九四〇年代的日本，廣告業卻還沒受到世人的注目。使日本的廣告業有今日的飛躍性發展，功勞最大的當推「電通」的第四任社長「吉田秀雄」。

「電通」在他任社長的時代，也有了驚人的發展。成爲「電通」發展的精神支柱的，就是「吉田」製訂的「電通十則」。

「電通十則」製訂於一九五一年。那正是日本從戰後混亂期脫離，產業界已經漸復舊觀，廣告業也正要邁出一大步的關鍵性時期。

爲了激發全體員工奮起一搏，「吉田」社長才製訂了「電通十則」。

㈠工作要「自創」，而非受令而爲。

㈡工作要先發制人地加以「推動」，而非消極地等待命令。

㈢向「大工作」挑戰，小工作只會使自己變得渺小。

(四)挑選「困難的工作」去做，完成困難的工作才有進步可言。
(五)一旦從事的工作，「絕不可輕言放棄」，縱然被殺也不能放棄，除非把它完成。
(六)「帶動」四周的人。帶動或被帶動，時日一久，兩者的差別就有若天壤。
(七)要有「計劃」，有了長期的計劃，就會產生耐心、竅門，以及努力和希望。
(八)要有「自信」，沒有自信你的工作就失去魄力和黏度、厚度。
(九)頭腦要時時刻刻處於「完全打開」的狀況，要眼觀八方，一無疏忽——這就是服務。
(十)「莫怕摩擦」，摩擦是進步之母，積極的肥料，若非如此，你將變成卑屈、不乾脆的人。
就是這份「電通十則」，煽起電通人熱忱之火，造就了電通人的氣質。
當組織愈趨合理化，經營也愈趨科學化，這一類的精神面就大受輕視，爲人上司者就只想搬出「小道理」來帶動部屬。
時下的上司，之所以帶動不了年輕人，是因爲忘了這樣的精神面所致。
人，是理性也是感情的動物。上司必須具備訴之於兩者的力量才行。

秘訣9　上司要點燃自己

以前，「K樂器」有個營業處處長叫做U。他在就處長職之前就下過這樣的豪語：

「我對推銷員的能力，並不當一回事。要是我當了處長，不管是怎樣的營業處，我都有辦法使業績節節爬高……。」

U在推銷員的時代，倒是個業績拔尖的人。因此，營業總部聽到他這樣的豪語，以姑且一試的心情，提升他爲營業處長，並且派他去「千葉」縣。

「千葉」營業處是該公司在全日本成績最差的一個營業處。

U走馬上任之後，精神抖擻，每天早上都召集推銷員，舉行朝會。

那些推銷員眞不愧爲成績最差的營業處成員，個個以惺忪欲睡的眼神，聽處長的話。心想：今天出去推銷，如果成績不佳，訪問個四、五家就去玩電動玩具，或是窩在咖啡店，以聊天打發時間。

U處長突然指了其中的一個，問說：

「你昨天是怎樣推銷的？請在大家面前表演一下。」

被指名的推銷員，就遵令慢條斯理地表演起來。

「你呀，就是使那種方式才賣不出去，就是那個地方做不對，正確的方法應該是這樣……。」

他立刻指出對方的錯誤，並且當場表演正確的方法，眞個手脚伶俐，指導有方。他叫兩三個人，交替表演，一一點出失敗的例子，成功的原因，說明得簡潔扼要，引人入勝。

原是惺忪欲睡的傢伙們，不覺聽得入了迷，腦筋開始打轉：

「嗯，原來要那樣做才能銷得了商品呀？」

「我以前的失敗就失敗在這裏呀！」

「今天，可得搬出這一招試試看。」

如此這般，有點等不及早會散了。

U處長用這種方式一連指導了半年之後，營業處的業績就多了十倍。

U處長成功的秘訣在於：

㈠先點燃自己的熱忱，使那個熱忱逐日滲透到部屬身上。

㈡引發意願的同時，把提高能力的重點，有條不紊地教給部屬。

秘訣10　使不可能變爲可能

一般人以爲，上司的職責是：

㈠激發部屬的創意。

㈡採用部屬提出的好方案。

㈢設法提高部門的效率和各個成員的能力。

㈣提高士氣。

這個說法大體上說來並沒有錯，但是，僅僅止於這些範圍，上司充其量只是個「調整者」而已。

上司（領導者）之所以稱爲上司，應該是他有比部屬更受矚目的存在意義，也就是說，上司必須具有更卓越，更被期待的能力才行。

尤其，在這種激烈變化的時代，企業若要化解困阻，繼續發展，就有待幹部（經營者）這種資質的發揮。

卓越的企業幹才，應該著眼於部屬想都沒想過的事，而且全力以赴，終至有成。

一九五四年鬧不景氣的時候，「本田技研」擬定「不景氣時代的緊急對策」，呼籲全體員工緊縮各種開支，防止無謂的浪費。

當時，連每個月的薪水袋都要收回，以爲下個月之用，節省經費到這個地步，可眞是前所未見。

就在這時候，「本田」社長召集了全體員工，宣佈了一項驚人的消息：

「我們要訓練出爭取世界第一名的選手，參加國際長途大賽車（Grand–prixrace）！」

對他放出的這個廣告氣球（Ad–ballon），大家不由得愕然大驚。

大家都下意識地想：

「公司正在困境中，社長大概是故意放出這個消息，打打員工的氣吧！」

「社長是不是給不景氣搞得發燒了？」

也就是說，誰也不相信這是「本田」決心要做的事。因爲，國際長途大賽車又稱爲「技術的奧林匹克大會」，是一種瘋狂性的賽車運動。

對機車製造廠來說，那是對產品的一種耐力試驗，必須動員機械工學、原子工學、流體力學的專家，才能著手的事。

缺乏資本，基礎又不十分穩定的「本田技研」，能夠造出像樣的機車，與世界名廠一比高低，實在令人想都不敢想。

「本田」之所以放出這個廣告氣球，是因爲在麥恩島看過觀光杯大賽車而有了這個構想。他認爲：

「能夠贏得這種長途大賽車的人，就能征服世界。」

從此以後，他就像一個發了瘋的人，沒有假日、節日，天天埋頭於機車的改良工作。

起初，還以冷眼看待的員工，久而久之，也被他的狂熱傳染，整個公司就這樣朝著國際長途大賽車的勝利，而上下一體，傾力以赴了。

一九六〇年，本田機車終於在大賽車中榮獲團體冠軍。

「本田」完成了員工們原是不敢相信的事。這種領導者的態度，是任何企業的經營者和幹部，都應該學習的。

使不可能化爲可能。爲人上司者必須具備這種能力和毅力才行。

第五章 如何適應部屬的性格?

秘訣1　不以自己的量具計量別人

這年頭的青年，對人生沒有目的、沒有希望的人頗多。說他們不幸嘛，也不盡然。只要正正經經去賺錢，愛什麼就能買到什麼；找女朋友也不算是難事。說來，過的生活是相當富足的。

就爲了生活得太安逸，對人生就失去了一種嚮往，一種感激。因此，心靈空虛，不斷尋找可資共鳴的東西。

在戰爭中渡過青春期的人來說，現代年輕人這種生活態度，實在叫他們無法了解。想當年，在戰爭時期，他們無不徘徊於生死邊緣，物資極度缺乏，三餐難繼，那種日子回想起來也夠辛酸的。

與他們昔日相比，現在的青年，可眞是幸福多了。旣不必上戰場，天天自由自在，愛做什麼就做什麼，如果，過這樣的日子還大發牢騷，可就該遭雷劈了。

其實，這樣責怪現在的年輕人，實在有點瞄錯了靶。他們沒嚐過戰時的經驗，只能根據自己的體驗去想，去行動。

他們最大的問題是，對人生失去了嚮往之心。原因就在，他們要的東西都能輕易得到。對這些年輕人，上司若以自己過去的體驗來訓戒他們，也難以奏效。要緊的是，設法使他們對人生的目標有所醒覺，讓他們發覺生命的意義，生命的可貴，進而對自己的工作產生挑戰意願。

切莫以自己的量具，去計量現代的年輕人。

秘訣2　探討不幸之因

大多數的上司都認爲，這個時代的年輕人太幸福，卻沒想到，就爲了太幸福，太得天獨厚，反而使他們陷入不幸。

他們自小受過度的保護，事事都有父母替他們做好安排。例如，大學新生在開學典禮那一天，有父母陪伴的，竟然多達三分之二。這種現象不只是開學典禮，連進入公司的第一天，也有很多家長陪同前往。

這只能說，從幼稚園開始的嬌寵，一直拖到成人的一天。

當他們進了公司，這種依賴心還是無法去除。心裏總是想，會有人照顧我，會有人替我想辦法……。

由於這個緣故，上司如果叫他做某種困難的工作，他就面不改色地說：

「這麼複雜的工作，我做不來。」

他以爲，我不做定有其他的人替他去做。更令人生氣的是，擺副「我不做又能奈何我」那種不遜的態度。

年輕人會變成這副模樣，追根溯源，應該歸咎於四周的人從小就把他們寵慣了。

對人生或生活會產生珍惜之意，乃是那種人生、那種生活是自己贏來的；若是別人所賜，由於得來容易，就不會有珍惜之意，這是很明顯的道理。

從這個角度來分析，一般人認爲得天獨厚的年輕人，倒是不幸的一群人。現代青年不幸的原因就在這裏。

爲人上司者應該認清這一點，別從自己過去的經驗，或是價值觀去看他們，而是要站在現代這個時點去發掘他們的問題，針對問題擬出對策，否則有關他們的任何問題，將無法有效解決。

秘訣3　替部屬剷除自卑感

任何工作場所都有能力泛泛，工作意願低落的部屬，使做上司的人頭痛欲裂。要是上司一口咬定，這些人是腦筋太差，不堪造就，他們就愈走下坡，挽救無術。遇到這種部屬，上司應該從根本去探討他們的能力爲什麼一直無法進展，爲什麼沒有工作意願。如此深一層去探掘，就會發現問題往往在於他們的過去。

「安川電機」創始人「安川第五郎」，小時候是個旣軟弱，又是學業不佳的人。他非常討厭上學，在小學一年級的時候就留了級。

小學一年級就留級，可說是罕見的紀錄，也許是這個關係，在小學時代，他的成績一直好不到哪裏。

考中學的時候，第一年是名落孫山，第二年又重考，又是榜上無名。

他自以爲考另一所水準較低的中學比較有希望，因此，特地跑去找父親，報告了自己的想法。

父親聽完他的話就罵說：

「你的能力到底是誰替你決定的？如果，你現在把自己的能力決定爲只有這種水準，這一生你將無法成就任何事。男子漢大丈夫一旦決定的事，卽使有任何困難，也要貫徹到底，這才像一個男人啊！」

經父親的這次啓示後，他就奮勵用功，隔年，果然一榜及第，因而對自己開始有了信心。

考上中學後，他自知個性軟弱是自己的一大缺點，因此開始學習柔道。他天天到鎭上的柔道場練習，起初，難免感到又累又苦，但是，咬緊牙關練習不輟，到頭來，就成爲個中能手，跟別人較量也是勝多輸少。

像他這樣的一流經營者，誰會想到在小學時代是個軟弱成性，學業不佳的人？好在，他有位父親激勵他，才得以進入好的中學，從此對自己有了信心。

要是沒有父親的一番激勵，一直都是成績不佳的學生，長大成人之後，恐怕也是才能平庸，工作意願毫無。

一般說來，在企業裏被認爲沒有能力的人，大多是小時候就有自卑感的人。這種人最需要的是別人的激勵。扮演激勵的角色的就是上司。

秘訣4　尋出行爲的原點

「電通」第四任社長「吉田秀雄」，經常定做入時的最高級西裝，穿不了幾次，就送給他的部屬。

他爲什麼做這種事？

學生時代，他由於家境淸苦，難得穿一套像樣的學生服，因此，心裏就有了一個念頭：「有朝一日，成爲有地位的人，定要穿最好、最入時的西裝……。」就是這種觀念使他有了前面所說的軼事。

「理光」社長「市村淸」，三十六歲的時候，把做生意賺來的錢，撥出一大半，在「熱海」買了一萬坪的土地，蓋了其大無比的別墅。

由於這個大手筆，光是維護費就使他連年叫苦。朋友們還以爲他發了瘋，怪他何必蓋那麼大的別墅呢？

他並沒有發瘋，那是他實現了少年時代的夢而已。

他生於貧農之家，連中學都無法去考，小小年紀就被迫出去工作，嚐過不少窮困之苦，在那種痛苦之中，他孕育了一個夢——成爲擁有一大片土地和大房子的人。

他之所以蓋了與身份不相稱的大別墅，就是要完成夢寐以求的願望。

人，往往會做出令人難解的構想或是行爲。他們的構想或是行爲的原因，就藏在他們的「過去」。

只有探出其因，你才能眞正了解那個人。要認識一個人最好的辦法，莫如探知他的「過去」。

以「宮本武藏」等名著而婦孺皆知的「吉川英治」，是文壇的泰斗，他的作品充滿了處世的智慧。他的座右銘是：

「凡我以外，皆為我師。」

他的座右銘，來自他過去的生活體驗。

在東京大地震的時候，他在「上野」山下擺攤子賣一碗十元的牛肉飯。少年時代，他幹過活版工人、傭人、行商人……。

他歷經數種行業，嚐遍了辛酸。在這些生活中，他從四周的人學到各種知識，當他成為小說家，過去的生活體驗就透過筆尖，栩栩如生地給描寫出來。

為人上司者常常遇到難纏的部屬。

他為什麼那麼乖異？那麼充滿了偏見？動不動就反抗？很多部屬的行徑，就會讓上司百思莫解。

他們那種行為和觀念，只要回到他們的過去——回到造成那種自卑感的原點去觀察，就不難疑點盡除。

不使出這個方法，光是想在眼前的情況中去了解一個人，不但得不到答案，也帶動不了那個人的。

秘訣5　酒店大王的秘密

有「酒店太郎」之稱的「福富太郎」，是酒店界衆人矚目的風雲兒。

他有福福泰泰的一副臉孔，不過，據他說，小時候的長相和性格，跟現在截然有別。

少年時代，伙友們稱他爲「矮鬼」、「骸骨」，是個枯瘦而貧氣十足，又是神經兮兮的小孩。

非僅如此，平時寡言寡語，膽子奇小。當老師說他一句，他就滿臉漲紅，無所措手足。

時至今日，見到他的人都會讚一聲：

「您這副臉，好豐滿唷！」

電視台也好、工商界也好，經常請他露臉或是演講，在那些場合，他眞是口若懸河，暢所欲言。

之所以有這種變化，據他自己的說法，是由於他專注於經營酒店，逐年擴展業務，一心要大撈鈔票的願望使然。

他說：

「酒店的經營者，如果怕羞，在別人面前說不出話來，那就做不了生意。每天，在營業之前，必須召集全體工作人員，點名之後，還得向酒店女郎和僕役訓話，或是爲他們加油，這是酒店經營者每天的例行工作。

長年幹這種事兒，我就自然而然把自己的缺點，一一克服了。人，只要有專注的精神，任何缺點都能改正過來。而且，想到它跟賺錢有緊密的關係，什麼害臊不害臊，就不再是問題了。

爲了賺錢，任何人都可以創造出奇蹟。」

這就是酒店大王的信條。

小時候，他是神精質、貧氣十足、膽子奇小的人，因此，成不了孩子王，倒是處處受欺負的小孩。

「就爲了小時候常被孩子王欺負，才有今天的我。」

他意態昂然地如此說。

孩子王在孩童的世界裏，是個英雄，所以，從未嚐過失敗的滋味，也沒有所謂的自卑感。但是，進了中學之後，就會遇到比自己還要壯，還了不起的同學，由於無法超越那種新敵人，他就喪失自信，人也頓感矮了一截。

與此相反，自小受過欺負的膽小鬼，心中總是懷著一股鬪志。「等著瞧好了！」他會如此告訴自己，砥勵自己。

當然，生性無能的人，到頭來還是無能，可是，從膽小鬼中，就會出現眞正的成功者。這就是酒店大王獨特的人生哲學。

了解他這種「發憤」之因，我們就不難理會他的所做所爲，是爲了什麼。

在企業管理上，這個道理當然也可以套用。上司要了解一個部屬爲什麼有某種行爲或是觀念，只要探究其因，發現其源，就能加以改造，使之成爲標準的幹才。

秘訣6　看穿對方的性格

善於帶動部屬的上司，通常，都具有一眼看穿對方的第六感。如果缺乏這種第六感，就無法抓住對方的癢處，做適切的應對。

以電視節目的主持人來說，有這種第六感的主持人，總是應對得宜，甚受觀衆的歡迎。

例如，對方是一位比男子還勇敢的女歌星，主持人就想盡辦法要揭穿她的缺點，讓她窮於應付。由於個性强，她並不會被難倒，一副滿不在乎的模樣。觀衆也覺得有趣，因而捧腹大笑。

對方若是大家閨秀型的歌星，主持人就刻意尊重她，措詞客氣萬分。若是外向型的人上台，主持人就口直心快，言所欲言，正合乎對方的個性，對答之間，妙語層出，逗得觀衆無不笑顏逐開。

對內向型的人就不能使出這一招，萬一把話說得太直，對方就有受委屈的感覺，容易引發誤會或是反感。

人的性格，百人百樣，因此，要帶動別人，如不去看穿對方的性格，就無法應對得宜。

佛祖也說過：

「要看人說法（佛法）。」

有一次，一位死了最疼愛的孩子因而失去生趣的母親，向佛祖哀求說：

「請用您無邊的法力，讓我的孩子活過來。」

佛祖答說：

「要用我的法力使孩子復活，必須有個條件：先到從來沒舉行過葬禮的家，要來香火。」

這位母親一聽，喜若天降，到處尋找，可是，任何一個家都有過死人，她的四處尋覓，徒勞無功，只好垂頭喪氣地回到佛祖那裏。

佛祖就說：

「怎麼樣？妳現在該曉得，任何一個家，都有過死了人的遭遇，都嚐過那種悲哀的事實了吧。」

這位母親因佛祖這一句話，才從悲傷的深淵，獲得拯救。

秘訣7　抓住微妙的人心

明治元勳「西鄉隆盛」，頭一次跟「橋本左內」（一八三四～一八五九，明治初期的志士——譯註）見面時，看他柔弱的外貌，覺得不值一談，態度粗野地把他打發掉。事後，「西鄉」越想越覺得此人絕非池中物，因此，又專程去拜訪他，結爲至交。

像「西鄉」那種大人物，都會惑於外貌而看錯了人，由此可知，要看透一個人，實非易事。特別是以貌論人，最容易招來意外的失敗。

眞正有實力的人，總是裝得像個平平凡凡的人。越沒有實力的人，越會擺臭架子，在街頭昂然濶步的阿飛，就是這一型的代表性人物之一。

這一類的人，總是做不了什麼正經事，內心蟠踞著自卑感，就爲了怕別人看穿這一點，表面上就越發地裝得好像是個不可一世的人。

會擺大架子的人，表示沒什麼內涵，對這種部屬，只要以毅然決然的態度臨之，八成都會變得乖順，不敢再胡來。

還有一種人，是一副「手氣很順」的模樣，叫他做什麼，總是擺出「沒問題，我立刻就去做」的架勢。事實上，內心是在罵：

「又把麻煩推到我身上來了！眞是的。」

表面上頑固的人，內心卻有接納別人的意願，這種人心的微妙，必須能夠掌握才行。

因此，遇到頑固的部屬，上司要注意「不可與他正面衝突」，先聽聽對方想說的話，如此一來，對方就大開心扉，呈現眞心。

這時候，你說的話才會產生說服作用。

秘訣8　發掘埋沒的才能

名演員「石原裕次郎」，現在是電影界的大人物，可是，他剛踏進電影界的時候，就有被「東寶」認爲不適於當演員而給趕走的經驗。

「東寶」某董事對這件事的解釋是：

「起初，他跑來本公司，希望我們用他，我們認爲，以他的外型不適於當本公司的演員，所以拒絕錄用。這一點，只能說是我們沒有知人之明。

不過，若不是跑去『日活』，恐怕也不會有這麼驚人的成就。」

「松竹」的N氏則說：

「日本電影界在那個時候，正好缺少像樣的小生演員，『石原裕次郎』可說是適得其時地衝了出來。不過，他若在『松竹』待下去，恐怕不會有什麼成就。就因爲他進了『日活』才有今天的成功。」

不管怎麼說，「石原裕次郎」是曾經被日本一流電影公司的「東寶」、「松竹」，認爲是不堪造就的人才，這是鐵的事實。

這樣的他，居然成爲大明星，表示他的確有成爲大明星的資質。

他，如果待在「東寶」或是「松竹」，他的個性、才能就無法發揮，勢必默默而終。

但是，「日活」卻看上他，把他培養成超級大明星，從這個例子就不難知道，培養一個人才，最重要的是，必須發掘他的長處，使之盡展其才。

尤其，這個人才的個性，是前所未有的，要看穿他的長處，且刻意加以栽培，那就絕非易事。

每一個人都有不同的個性和魅力，只是有待發掘而已，沒有人去發掘，再了不起的人才，都會被埋沒。

上司的責任之一，就是發掘部屬被埋沒的才能，並且使其施展出來。爲了達到這個目的，平時就要多方觀察，多方給以刺激。

秘訣9 適應性格的指導法

一般人在作業時有兩種類型。

㈠一開始作業就能適應的人。

㈡起初，不太適應，但是經過一陣子就慢慢能適應的人。

換句話說，第一種人容易適應環境，第二種人是無法馬上適應環境，必須耗費一段時間。

這兩型人的結果也不大一樣。

前者雖然一開始就能適應，可是，越來越有成績低落的傾向（以外向的人居多），後者雖然起初不太適應，成績卻有越來越好的傾向（以內向的人居多）。

演員之中，也有類似的情況。

有些演員入戲很快，有些人則否。入戲很快，表示適應力强，入戲很慢，表示自己的內心有某種抵抗力存在。

如果，對事物的看法有獨特之處（跟一般人不同），就造成這種無法適應環境的現象。所以說，如果叫一個部屬做事，不管做什麼都無法順順當當，就認爲不堪造就而叱責，那就不對。這些人，起初雖然有行動緩慢，效率不高的現象，但是，一旦做得熟練，與工作渾然成一體，就會漸漸發揮出實力。

這就是所謂「大器晚成型」。

爲人上司者必須隨部屬的個性，施以不同的指導方式，否則作育人才云云，就成了空談。

秘訣10　虛實的分辨

一位顧問師，有一次，搭火車旅行。

他的鄰座是一位女士。起初，她拿出餅干，不斷地吃，吃完了一小袋餅干後，又喝起果汁來。

火車還沒開動就是這副大吃猛吃的模樣，使顧問師不禁吃了一驚。

女士接著又啃起大塊巧克力來。顧問師內心大爲不悅，因爲，他從沒有看過這麼大方地在火車上大吃特吃的女性。

火車駛動之後，她就邊吃巧克力，邊看報紙。她看報紙的方式也與衆不同，從政治、文化、社會各版看起，整整看了約莫一小時半，看得眞夠仔細，不免引起了顧問師的興趣：

「這個女人到底是幹什麼的？」

看完報紙，她就上化粧室，回座之時，顧問師才清清楚楚看到了她的面孔，這時發覺到，她原來是經常在電視上亮相的大名鼎鼎的女性評論家。

電視中的她，可能是化粧得比較好，給人「可人兒」的感覺，可是，顧問師一直注視她的側臉所獲得的印象，倒是如入中年，毫無女人味的「阿婆」。

顧問師這才恍悟到，眼前不施脂粉的人，才是她的「實像」，透過電視出現的她，只是個「虛像」而已。由於差別之大，有如雪泥，他也不禁茫然。

這是在日本發生過的眞實故事。

任何人都有這種「實像」、「虛像」。心理學家英格說過：

「人，都戴著一副假面具。」

這個假面具是給社會看的，眞面目的「實像」，可不能隨便亮出來，否則就像剛才說過的女性評論家一樣，破壞了好印象。

任何人多多少少都帶有雙重人格。有些人，平時既溫順又明理，可是，喝起酒來就換了一個人，口出惡言，纏人不放。隔天，一見面就連聲道歉，說什麼昨天的事絕非出自內心——其實，那就是他的「實像」。

看穿虛、實去應付部屬，否則你這個上司就有可能被部屬玩弄於股掌而不自知，那就談不上用人或是管人了。

第六章 如何引發部屬的挑戰意願？

秘訣1　讓部屬從失敗中仆而奮起

時下的年輕人，不輕易承認自己的失敗，倒是很會把責任推卸。他們的理由可眞多，例如：上司的指導方法不好啦、同事吝於協力等。說得倒也堂皇，而且顯得理直氣壯，叫人啼笑皆非。

把失敗的責任一股腦兒推給別人，自己倒也樂得輕鬆，可是，本身的缺點在這麼一推之後，變得不了了之，於是，不久就又重踏覆轍，犯同樣的錯誤。

如此一來，缺點永遠是缺點，沒有機會消除，它就成爲進步的障礙，使一個人越來越無能——這種代價，老實說，未免太高了。

寧願付出這樣高的代價，也不肯承認失敗，原因就在，一承認失敗就得面對自己的缺點。對這些人而言，失敗是極大的「負數」。

其實，有這種觀念才是大錯特錯。

「本田宗一郎」和「岡本虎次郎」（「綠屋」社長）都說過下面的話：

「回顧我的過去，可說是由一連串的失敗形成。」

不斷地失敗的人，爲什麼會成爲一流經營者？

因爲，每當失敗他們就從中發現自己的缺點，而且立刻加以改善，使之成爲自己飛躍的踏石。

「本田」由於缺乏基礎性的學問而招致失敗之時，他就下決心從頭學起，於是，跑到「濱松高專」聽有關的課程。這是企業界無人不知的軼事。

「岡本」也有類似的經驗。

一九三五年，他跟一位親戚，在東京「小岩」，開了一家以按月付款方式出售商品的店舖。滿懷著希望創業，哪知，不出半年就關門大吉。這個挫折來得也眞快。

資本太少是失敗的原因之一，但是，主要在於經營手法不對。他只有在新市區經商的經驗，所以，對舊市區消費者的購買心態，一無所知，因而招來失敗。

認識他的人，向來都認爲他是個經營能手，他也自認如此，因此，這次失敗給他的打擊之大是可想而知的。

他喪失了信心，也被自卑感壓得幾乎抬不起頭來。但是，他畢竟不是等閒之輩，後來，他還是立定決心，跑去「大丸」（按月付款方式出售商品的店舖），從最基層的工作開始學習。

這段期間的磨鍊，對他日後的成就，發生了極大的影響力。

你的部屬中，如有一失敗就畏縮的人，應該告訴他，失敗是使他有飛躍性進步的跳板（Spring board)，讓他勇於面對失敗，同時，要激勵他，使他產生超越失敗的勇氣。

秘訣2 讓部屬從經驗中學習

小時候，我經常被父親教訓。他曾經說了這樣的故事教訓我。

日本戰國時代一個有名的武將，還是少年的時候，有一天，帶了家臣去打獵。到了中午，就在一戶老百姓家吃中餐。

餐桌上擺出味道鮮美的魚，那種魚的特點是魚骨特別多，但是，他卻把魚骨巧妙地挑開，吃得一乾二淨，吃完的時候，魚骨都整整齊齊地排在碟子上。

陪侍的重臣，看到這個情況，事後就預言說，這位幼君，將來定會成爲名將。

腦筋頂好的人，在言舉之間都會顯出不同凡響之處，從吃魚這種小事也可以看出一個人的才能。那個重臣就是以小見大，看出幼君是個才能絕頂的人。

我聽了這個故事之後，對自己越發地沒有信心。因爲，我並不是手巧的人，吃魚的時候，就是沒辦法巧妙地理出魚肉來吃。

當時，我就想：了不起的人，畢竟從小就不太一樣。這件事反而使我的自卑感更爲加深。

任何人都經驗過類似的事。做每一件事都做不好，那時候就想：換了腦筋好的人，一定把這種事處理得有條不紊，我這個人呀，畢竟不是什麼大器。如此一想，就有萬念俱灰之感。

可是，當我長大，對社會漸有瞭解，發現事情未必都如此，這才有一點放心。

例如，有一位名芭蕾舞家T女士，跳起芭蕾舞來，觀衆無不如痴如醉，心弦共鳴，但是，在私生活上，她卻是天眞得如同一個小女孩。

某歌舞劇名演員，上了舞台，演技的出神入化，令人嘆爲觀止，但是，他旅行的時候却連買張車票都不會。

聽到這一類事之後，我就愈爲放心。

後來，見聞漸廣，我也聽說在財經界、政治界的某些大人物，年輕時代也常有失敗的經驗，但是，都能從失敗中吸取教訓，才得以更加成熟。

至此，我才鬪志泉湧，漸漸對自己的前途有了無比的信心。

大學畢業的高材生，如果一直過的是風平浪靜，一無挫折的日子，成爲大器的可能性並不大，因爲，沒有嚐過失敗或逆境的滋味。

光是猛啃知識、理論，一個人並不會出乎其類，拔乎其萃。

受過打擊，也對自絕無望過，但是仍能挫而復起，這種人才有成功的希望。

做上司的人，對遭到失敗，或是被逆境打擊的部屬，要教以這些道理，激起他捲土重來的勇氣。

秘訣3 讓部屬不畏逆境

我寫過一本書叫做「日本經營怪傑小傳」。

在這一本書裏，我剖析了「松下幸之助」、「本田宗一郎」、「井深大」、「出光佐三」、「中內功」等成爲企業一方之雄的人物。

我詳述這些人的過去、經營的手法、成爲一流經營者的原因。

著手調查這些人的過去時，我原以爲他們自小必定是腦力拔群，屬於天才型的人。但是，結論却是：並不盡然。

調查他們成爲一流經營者的共同點時，我發現一個事實：這些人都屬於「正數反應型」。

人，自小就有種種體驗，而「正數反應型」的人，他們的特點就是：即使遇到什麼不如意的事，都能不太介意，依舊朝著自己的方向，孜孜不歇。

拿自己的能力和別人的能力相比之後，發現自己差人一截，就大爲洩氣，從此不再努力——這種人是屬於「負數反應型」。

我比他差，但是這有什麼關係？我就照我的方法，繼續努力下去——能夠這樣做的人，就是「正數反應型」。

又，失敗之後就絕望，努力重來的意志絲毫不存，這是「負數反應型」；失敗之後，反而恍悟自己的缺點，立刻加以改善，使自己變得比前更好，這是「正數反應型」。

「帝國飯店」社長「犬丸徹三」，在東京商大畢業之後，跑去當飯店的僕役，當時，他的同學都罵他說：

「你這個傢伙，簡直丟盡了我們同學的臉！」

他受到這種侮辱，反而激起「等著瞧」的鬪志，這種處於逆境猶能奮起的，也是「正數反應型」。

人，在成長的過程中，難免遇到種種事件。如果，遇到不如意的局面，反應的方法只有「正數反應」和「負數反應」兩種。

這時候，產生「正數反應」的人，就次復一次地成長，若是產生「負數反應」的人，就次復一次地墮落。

告訴年輕人「正數反應」的重要性，讓他們不畏挫折，那就是上司的責任之一。

秘訣4　讓部屬有肯定的人生觀

遇到不如意（挫折）就有「負數反應」的人，總是只看壞的一面，所以心裏就想：

●為什麼只有我會陷入這種逆境而受苦？

●為什麼只有我會發生這種錯誤，招來失敗？

●我這個人大概是腦筋太差，所以，怎麼努力還是不管用的！

最後，他就告訴自己：

這都是境遇不佳，資質太差的緣故。

相反地，遇到挫折而能做「正數反應」的人，却從不為自己辯護。

●如果受到侮辱，反而以此為契機，更加發憤。

●即使起了自卑感，也不太在意，反而尋出自己的缺點，按步就班地使自己日漸成長。

●遇到任何困阻，都能看好的一面，使它成為進步的轉機。

經常看壞的一面，就成為「否定性人生觀」的持有者；經常看好的一面，就成為「肯定性人生觀」的所有者。

任何事情都有雙面性——有好的一面，也有壞的一面。失敗，是一種負數作用，但是，如以失敗爲契機，從而發現自己的缺點，不斷改善自己，使自己進步，失敗就一變而爲具有正數作用。

是要看負數的一面？抑或看正數的一面？兩者的差距就有若天壤。

「十條製紙」會長「金子佐一郎」在大學畢業之後，進入「王子製紙」服務。他被派到會計部門，負責記載支付傳票帳務的單調工作。

他一肚子不高興，向課長說：

「這種枯燥無味的工作，眞叫人提不起勁兒。」

課長提醒他說，換一個角度去看，這個工作就令人感到有趣。

「把支付傳票分類整理，從那些數字（金額）就可以看出我們公司的近況和將來，其他單位的人可沒有這種特權呢。」

他，從中了解到，只要改變角度去看，任何看似呆板的工作都會一變而爲興致淋漓的工作。

從這個例子也不難知道，如何把部屬培養成「凡事都能從肯定（積極）的角度去看」，是一件很重要的事。

秘訣5　在現實生活中加以磨鍊

即使遇到失敗，或是心有自卑感，猶能不絕望，孜孜努力——要做到這個地步，必須信任自己絕對有能力大進的可能性。

有這種信心，才有辦法愈挫愈厲，努力不歇。

有人感到疑問的是，像「松下幸之助」、「本田宗一郎」等一流經營者，為什麼只讀過小學卻能做到這種地步？

其實，只要深一層去分析就知道，這並不是那麼不得其解的難題。

有人認為，如果沒唸過大學，遇到難題就無法覓取解決的方策，也無法使能力更上一層樓，這種觀念的持有者，證明了他對「如何才能使能力增進」的眞諦，未盡了解。

「松下幸之助」如是說：

「我，由於沒唸過太多的書，所以，反而對現實能做更敏銳的觀察，從現實中吸取更多的知識。」

他開始創業的時候，擬定了一些事業計劃，却苦於現實的一切，不盡如意而煩惱萬分。

因此，他就思考如何才能順利推展計劃。當他左思右想，忽然想到瞎子的事。瞎子走路，絕少跌倒，這是因爲走路時，總是以手杖一步步確定前面的路況之故。同理，經營事業若要順利，必須按步就班，切莫亂了步調，只要這般穩紮穩打，任何計劃都能順利推展。

一個計劃在實施之後，立刻檢討成果，要是成果在計劃之下，就找出原因，使之上軌道（統制）。

計劃↓實施↓檢討↓統制，是經營管理學上的理論，他透過對盲人的觀察，掌握了這個理論的精神所在。

由此可知，並不是沒唸過大學就無法使人孜孜於能力的增進，而是只要有旺盛的意願，照樣可以從現實生活中的各種現象，探討出足以化除眼前困局的可貴啓示。

要增進能力，與其在桌上研究，不如在工作現場中實施，那種方法才是有血有肉，宏效可期。

以經營超級市場聞名的「大榮」公司，每半年就實施一次人才的盤點工作，對公司的各層人員來次調動。

給派到新環境的人，就開始爲遇到的問題，例如，如何解決工作上的瓶頸，如何跟上司和交易對象相處而埋頭努力。

在這樣嚴酷的環境中，加以磨鍊，眞正的人才始能產生出來。

秘訣6 爲部屬指出燦爛前景

心理學家烈恩如是說：

「看不出有何前途，人就興不起奮力而爲的意願。」

換句話說，任何人對自己的將來沒有了夢，工作意願就蕩然不存。實現的可能性完全無望時，甚至導致慾望的喪失。有一位心理學家用實驗方式證明了這個事實。

他在水槽中放進梭魚和小魚，梭魚就養成吃小魚的習慣。隔一段時日後，在水槽中間，以玻璃片把梭魚和小魚隔開。

肚子一餓，梭魚就想吃小魚，但是，每次都撞到玻璃片，吃不到小魚。

讓梭魚在這種吃不得的環境下，待了一段時日。有一天，突然除去玻璃片。照說，梭魚定會急急地去吃小魚，事實却不如此。

梭魚竟然對眼前的小魚，提不起食慾，就這樣日漸消瘦，以至於力衰而死。

這個實驗告訴我們：體驗一段時日的 Frustratiom（慾望不足），慾望本身就衰弱下去。年輕人都有實現一己之理想的夢（慾望），可是，若把他們放在無法實現那種夢的環境太久，他們就喪失了夢，意願也隨著消逝。

防止之道就在給他們遠大的夢。卓越的經營者或是上司，都洞悉這種微妙的心理。

談到這件事就令人不期然地想到，一九三七年，「松下幸之助」在創業第一周年紀念日，向員工說的話。

當時，他發表了所謂「二百五十年的長程計劃」。

他說，「松下電器」在二百五十年後，定能做到：生產大量的生活用品，其多其快有如自來水的源源流出，而且價格之廉幾乎與免費相等。

他在全體員工的心中，植下這般非凡壯麗的美夢。

一般說來，發表這種超乎想像的計劃，通常都會被視如痴人說夢，可是，他就有辦法讓員工相信那是絕對可行的夢。

「松下幸之助」的偉大就在這裏。

這一類的痴夢，會不會成爲誇大、妄想，全看目標實現的可能性是不是有辦法令人信以爲眞。

他把這個計劃劃分爲十個階段，又把第一階段的二十五年，細分爲三期。

第一期的十年爲建設期。

第二期的十年爲建設與活動期。

第三期的五年爲奉獻社會的時代……。

頭一個階層的計劃，描繪得極爲細微，愈後期的內容就愈爲大綱化。

而，對眼前要著手的第一期的工作，他可是踏實、認眞地邁出第一步，如此一來，員工就相信這個大理想在二百五十年之後，定會成爲事實。

手法高超，殆稱獨步於日本企業界。

秘訣7　豎起有魅力的目標

一本正經到腦筋不夠靈活的經營者（幹部），不會輕易描繪出「松下幸之助」那種壯麗的理想。

因爲，他們會站在理性的立場，否定它的可能性。誤解就由此而來。

夢這種東西，不只是作用於理性，毋寧是說作用於感情的效果較爲宏大。只要對方的感情接納了它，引起情緒性的興奮，「好好幹它一場」的意願就給觸發起來。

一個領導者（上司）將有所圖時，必須找出願意與他協同發揮力量的「伙伴」，然後共同爲那個目標，全力以赴。

這總比隻身拼命，更能發揮力量。而，要獲得這種「伙伴」，就要有與自己共同的目標，彼此才有一種認同的力量產生。

要引發伙伴的意願，首要之務是目標本身必須充滿了魅力。

對大部份的人來說，所謂有魅力的目標，指的是社會貢獻度高的事。爲了這個緣故，「松下幸之助」所揭示的目標就是：廉價供應生活必須品，就像自來水那樣。

這種壯麗的目標，由於本身具有非同凡響的魅力，他的部屬就有了達成目標的衝動，內心就給觸發莫大的情緒。

必須注意的是，目標過大之時，由於實現無望，反而會引起絕望感。

如不把這個問題化除，目標的魅力就喪失作用，費盡心機的目標，就有可能成爲誇大、妄想。

要使一個夢成爲恒保玫瑰色的計劃，而且產生足以煽起熱忱的機能，就有必要出示「目標一定達成的必然性」。

爲了這個緣故，「松下幸之助」就描繪出達成目標的Process（方法、程序）。當然，這種程序有它的重點。對眼前立刻要著手的工作，可說是提示得一清二楚。但是，越是往後就越變成大綱化，這可無礙於整個計劃的推動。

人的心理有一種「機能上的自律作用」。所謂「機能上的自律作用」，意思是說，把實現目標的手段付之實施的時候，不知不覺中目標就被忘記，手段從目標自律而爲目標的心理。

產生這種心理作用時，一個人就有：「只要順利做好眼前從事的工作，就能一步步接近目標」的夢，因而意願泉湧。

傑出的領導者（上司），就有本事把部屬的這種心理看得透徹。

秘訣8　莫使部屬有萎縮之疾

以創設青年董事會而聞名的麥考米克公司，如今，已是國際性的香辣調味料製造公司。但是，在過去也遇過幾乎倒閉的大危機。

這家公司的創始人是威勒比·麥考米克。由於他是個獨行俠型的經營者，逐漸趕不上時代，陷入非把員工薪資減少一成就無法平衡的困境。

就在這時候，他突然患病，很快就死亡。繼他之後成爲經營者的人是他的外甥查爾斯·麥考米克。

他就任之日，召集了員工宣佈說：

「薪資增加一成，工作時間也要縮短。本公司興亡的重任落在各位的肩膀上，我期待各位奮起突破眼前的困阻。」

這是很大膽的決斷。他把公司的命運賭注於全體員工能否起而向危機挑戰。原是要減薪一成的，如今，却反而提高一成，工作時間也要縮短，這個消息使員工們頓時傻了眼。

大夥對查爾斯的決定，衷心感謝，因此，士氣大爲高昂，不出一年，公司的業績就轉虧爲盈了。

陷入困境的時候，經營者通常都會變得悲觀，容易採取消極性的手段，就沒想到這種手法只會使員工的工作意願一瀉千里，嚴重影響了業績（造成業績更低落的惡性循環）。

傑出的經營者在這種關鍵性時刻，却會放眼遠看，不但不會破壞員工的夢，反而更激發出他們發憤而起的鬪志。這就是說，他很洞悉員工的心理。

「松下電器」在不景氣的時代，曾經被迫縮短一部份工廠的作業時間，但是，薪資照舊，餘力則轉向銷售上，反而大大提高了業績。

不破壞員工的夢——有這種經營者或是上司，員工當然要以工作成果來回報了。

秘訣9 體會人際關係的原理

要帶動部屬，重要因素之一就是切莫辜負了他們的期待。下面的眞實個案値得爲人上司者細細體會。

某工廠有一位平時很會關照部屬的股長，他的二十個部屬對他也很信賴。

有一次，他覺得部屬們的工作環境，光線不太明亮，就一直思考解決這個問題。

他向廠方申請的一筆改善環境的費用，經過一段時日，好不容易才撥下來。他立刻在工作場所裝了日光燈，使整個作業場所變得明亮無比。

他滿以爲這麼一來部下們的工作就會比前好做，效率必然大大提高。想到這裏，他就不免欣然色喜。

哪兒知道，部下們的臉色個個灰暗，工作效率也日漸降低。

他對這個結果大感意外，於是請專家深入調查、分析原因。例如，作業環境和採光的關係、日光燈和作業員心理的關係等等因素，都從物理、科學的觀點，一一做了深入的檢討。儘管如此，作業效率還是繼續下降。公司方面也特地爲這件事召開幹部會議，但是，仍然得不到明確的結論。

這位股長，在苦思無計之後，只好召集他的部屬，和盤托出這件事帶給他的困擾。部屬們都同意跟他合力，查出原因，但是，到頭來還是徒勞無功。

怪就怪在，隔天之後，工作效率急速恢復，生產量也開始上升，人人滿臉生輝，朝氣蓬勃。

這個結果到底證明了什麼？

股長自以爲改善照明效果，部屬就會大爲高興，工作意願也會隨著提升，他想得很單純。從部屬的立場來說，情況就略微不同。改裝日光燈使工作的場所更加明亮，這當然是好事一樁。但是，環境在毫無預料之下有了變化，對這件事的不滿卻在不知不覺中蟠踞在他們心底。

這個個案值得研究的一點是：

部屬對股長所做的事，雖然沒有明確的不滿意識，但是，不知不覺中有了抗拒心理，由於這個緣故，對原是一件爲他們而做的事，無法衷心歡喜。

換句話說，忽視部屬的期待而做的事，即令出自善意，也得不到對方的歡迎。

從這個例子就知道，人際關係上的一個原理：

在為對方設想之前，必先尊重對方的立場或是肯定對方。

不知此理而貿然決定一件事，縱使那是為對方設想，也會成為一種「强迫性的行為」，不受對方歡迎。

秘訣10 看穿對方的眞心

人際關係之所以無法順當，以彼此的期待不合攏而產生排斥性感情佔絕大多數。

例如，甲認為，他是為乙做了某種好事，乙却一點也不心領，實在令人生氣。乙呢？對甲的好意反而認為是一種困擾。

雙方如此兜不攏，人際關係當然也好不了。

所以說，如能確切掌握對方期待的是什麼，這個人就有資格成為創造良好人際關係的老手。即使是在藝術的世界，若是拙於掌握對方期待的是什麼，就無法有出頭的一天。

例如，弟子和師傅一道去旅行。師傅帶著沈重的行李，弟子就說：

「師傅，我來替您拿吧！」

師傅却回說：

「不怎麼重，我自己拿就好了。」

可要知道，這只是形式上的一種回絕（不是眞心話）。那個弟子如果把師傅的話當眞，而不爲他拿行李，那就表示這個弟子還很嫩（不上路）。

即令師傅回絕了，弟子也該設法「說服」師傅，替他拿行李。這麼一來，師傅就心裏大樂，認爲這個弟子是現代這種社會難得一見的好靑年。

要是從旅行回來之後，電視台要求選派一位新人上節目，師傅自然而然就想到這位弟子，爲他多方照顧。如此這般，這位弟子就有了揚名的機會。

我們之所以很難捉摸對方期待的是什麼，原因就在，人，通常只做形式上的表現，不輕易顯露眞心。

例如，日本的一些政治家，競選之時總是叫嚷說，他們是爲了社會，爲了國家而出馬競選，可要知道這只是一種「形式」，內心想的却以獲得名聲、權威、金錢爲目的居多。

如果無法掌握這種虛、實的分際，就很容易被矇騙於一時。

做上司的人，如要帶動部屬，就不能被「形式」所惑，必須把部屬表面上的話，進一層去分析，抓住部屬的眞心，否則部屬就不會全心全意地跟隨。

要達到這個目的，可不能訴之於「强迫性的好意」，而是要站在部屬的立場，推測他們所思何事，所期待的又是什麼。

經常做這種訓練，才能一眼看穿對方的眞心，才能擬定對策，抓緊對方的心。

秘訣11 做個傾聽能手

想準準地抓到對方的眞心，最簡便的方法就是：設法使對方多說話。

以推銷員來說，如果擺出一副非賣出去不可的架勢，滔滔不絕地說個沒完，顧客就心懷戒意，拒絕到底。

與其自己「饒舌」不停，不如讓對方「饒舌」，自己則趁機不斷發問，採用這種方法效果反而奇大。

有個推銷員，就是使出此招讓一個視投保如九世大仇的棒球投手，心甘情願地投了保。

一般推銷員只知向他做老調的訴求：

「參加了保險，可以使您無後顧之憂呀！」

這種平平凡凡的訴求方式，無不遭到他的「封殺」。

這個推銷員可不同，他劈口就問他：

「您對貴隊的另一位投手——里里夫有何看法？」

對方的回答是：

「就爲了有里里夫投手，我才能放心地投球。萬一我的表現不佳，還有他可以壓陣呢。」

推銷員馬上逮住了這個機會，緊著說：

「您的太太和孩子，依靠的就是您，萬一您有了什麼不測，保險公司就能及時助她們一把，使您沒有後顧之憂。就像里里夫投手對您的重要性一樣，保險對您的太太和孩子來說，是最大的保障啊！」

他用這個方式訴求保險的功用。

那位投手經他這麼指點，心想：

「說的也是。壽險就像里里夫投手之於我，對老婆和孩子是很重要的事呀！」

原是很討厭保險的這位投手，就這樣當場卽決定爲老婆和孩子而投保了。

這個推銷員之所以說服成功，是因爲看準了投手認爲有價值的事，針對那個有價值的事發問，使之聯想到投保的價值。

當然，有時候實在很難找到足以使對方顯露眞心或是期待的事，遇到那種情況，不妨先來個疑問式的發問。譬如，問說：

「你認爲A課長的作法如何？」

拉出A課長（他的作法跟自己相似，或是完全相反）做話題，使對方發表看法。

對方認爲，事關A課長，說說也無妨，於是大開話匣子，說個沒完。

部屬在評論A課長的作法時，你就可以從中（間接地）抓到部屬所期待於你的是什麼。

平時，經常跟部屬這樣聊談，在傾聽之中，你就有辦法掌握部屬們的期待，進而擬定對策，使他們獲得這方面的滿足。

這麼一來，要帶動他們就不是什麼難事了。

秘訣12 強將手下無弱兵

M工廠的K課長，平時就很努力於使部屬的期待獲得滿足。

例如，要擬定業績目標之時，他總是讓部屬盡量發表意見。如果，部屬中的多數認爲目標過高，他就配合他們的意見，把目標降低。

有些部屬提出意見說，要他把某些權限委讓，讓他們放手而幹，他也盡量做到符合他們的要求。

如此顧慮周到，照說，業績一定大大提高才對，事實上却不是這樣，K課長這個單位的業績，始終徘徊於標準之下。

檢討成果之時，部屬們的話可多了。

有人說，計劃之所以無法順利推展，原因就在計劃本身擬得不切實際。

有人說，是課長的指導方式不對。

有人說，是工作的分配做得不好……。

K課長爲了平息部屬的不滿，在下次擬定計劃之時，盡量參酌他們的這些意見，才付之實施。

但是，成果仍然不怎麼理想。部屬們就又挑剔說，這是課長的做法不對，廠方的作法不對。

K課長一直認爲，自己始終抓準了部屬所期待的事，努力以赴，偏是業績無法提高，害得他不知如何是好。

造成這種結果的最大原因，還是在K課長。

K課長讓部屬有了「天眞」的期待，事事造成「嬌寵」的局面，說起來，錯在K課長。

要知道，部屬對領導者的期待，可以因領導者的手法而隨時改變過來。也就是說，領導者只要有那種本事，都能如手使臂地讓部屬跟著他走。

如果，上司自己信心不足，對部屬事事迎合，在這種上司之下的部屬，就有了「盡量輕鬆地工作」、「打馬虎眼應付」的期待。

於是，對工作就不太熱衷，抱著得過且過，混一天算一天，只求不要有大過。

當上司對這個現象表示不滿，他們就把業績不振的責任推到上司指導不當、公司方針錯誤等等上面。

如果把這些理由當眞，刻意參酌他們的意見，認眞去改善「不對的地方」，乖乖，他們已經又準備了一籮筐的理由，要向上司發難了。

如此一來，問題只有越鬧越產生惡性循環，論結果，上司是給部屬玩弄於股掌了。

除非讓部屬抱有：

㈠在這個課長之下，好好幹一場。

㈡盡量在這個工作場所伸展自己的能力——這種積極的「期待」，K課長就無法使他的課業績提高。對這個事實，K課長必須有所發覺，及時打出對策。

爲了造成這個局面，K課長必須做到：

㈠不再迎合部屬。

㈡以信心十足的態度，對付部屬。

當然，要做到這個地步，務必耗一些工夫。

俗語說得好，強將手下無弱兵。

換句話說，弱將而期待擁有「強兵」，這是如意算盤，絕不可能成爲事實。

以斷然的態度，以及快刀斬亂麻的手法，使部屬的精神，起死回生，意願泉湧，有這種「強將」才有希望造就「強兵」。

第七章 如何改變部屬的觀念？

秘訣1　讓部屬體驗有意義的生活

爲了讓年輕人享受登山之樂，把他們帶出門，剛到山麓，就會出現發表意見的人：

「看，這一帶空氣新鮮，風景也不差，就在這兒玩一玩就好了，何必汗水直冒地爬山？」

一有人主張變更計劃，就會出現打幫腔的人：

「是啊，就在這兒玩一玩好了，何必辛辛苦苦爬到山頂？」

如果領導者在這時候也妥協了之，他們就無法享受到登山眞正的樂趣。

領導者在意見紛出之時，必須毅然回絕，想盡辦法拖他們到山頂。沒有這種能耐，他就沒資格當領導者。

來到山腹，放眼一看，景緻之佳，的確大異於在山麓所見。

「加油吧！再走一會就到山頂了，在那裏展望山下，那才更妙呢！」

領導者要如此爲大家打氣，硬把他們帶到山頂。

當大夥到達山顚，站在那裏，雄壯的景色，一覽無遺。這時候，途中的辛苦一下子就消失無踪，大夥就有了「終於征服了這一座山」的勝利感。

就在那一刹那，大夥會想：

「幸虧爬到底才能享受這種成就感。」

年輕人過慣了自由自在的生活，因此，喜歡隨心所欲地行動。如果被他們牽著鼻子走，你就當不了上司。這個時代的領導者必須有原則，有目標，不能輕易受部屬的影響而改變原則，改變目標。

人類的生理也好，心理也好，都有一種法則性可循，只要循其法則而爲，生活就變得極爲舒適。

「好好地學習，好好地玩樂」，這種生活原則，之所以令人有生活的意義感，是因爲它適合緊張→輕鬆（發散）的心理原則、生理原則之故。

極盡緊張之能事（認眞工作）後，一下子把它發洩到底（認眞玩樂），那時候的快感，可眞是無與倫比。

要是只知放縱，過著沒約束的生活，只會帶來散漫和無聊，日子就顯得灰暗、無勁，人生的意義就絲毫不存。

爲人上司者不能只以口頭禪解釋「生活的意義」，而是要具備「使之體驗」的牽引力，那才算是標準的上司。

秘訣2　讓部屬在工作中尋得樂趣

到種種工廠參觀，就會發現到很明顯的兩種對比性的類型。

第一種類型的人：

對自己的工作喜愛得不得了，埋頭苦幹，不但毫無疲態，而且精神煥發、精力充沛。

第二種類型的人：

對自己的工作討厭得不得了，不但無法專心工作，還不時大發牢騷，好像天下之大，他是最受委屈的人。

做同樣的工作，前者是快樂萬分，如在樂園；後者却是滿臉愁容，勁頭全無。爲什麼有這種截然相異的結果，實在令人不可思議。

原因就在，對工作的觀念不同所致。

前者是把工作當做快樂的事，爲了把工作做得更好，不斷動腦筋去改善。

後者是把工作當做苦差事，不時動腦筋逃離那種痛苦，難怪面無喜色，一副受壓迫、受委曲的模樣。

把工作當做樂趣的人，表示他熱愛那個工作。越是熱愛那一份工作，荷爾蒙的分泌就越旺盛，因此，總能抱著莫大的意願面對工作。

人，陷入情網，大談戀愛之時，雙目就發亮，膚色也會潤澤有光。也就是說，愛情這玩意會促使一個人的荷爾蒙分泌，變得很旺盛。

與此相反，討厭工作的人，由於內心的糾葛越來越嚴重，荷爾蒙的分泌也逐日低落，這就帶來容易疲倦，對工作也愈來愈討厭的結果。

欣然從事工作的人，由於工作之時，心不二用，當工作完畢，就能把一天的緊張，一下子發散出來，所以，每天的生活都能過得舒適，充滿了意義感。

討厭工作的人，體驗不到這種樂趣，所以，每天都過得陰陰鬱鬱，有如處在低窪、髒亂的地區，沒有生趣，沒有愉快。

促使他們從那種不愉快的境地拔身而出，便是上司的責任。

從低處要爬到快樂的高處，定有痛苦的一番掙扎，但那只是短暫的痛苦，一旦拔身成功，爬到高處，那時候就會對那種生活的舒適、愉快，感到「奮鬪得確有代價」的安慰。

拿爬山來說，要是一無目標，以被迫的心情去爬，就容易疲勞，而且不知樂在何處。

要是事前就告訴爬山者「快樂地爬」的要領，例如，該做怎樣的準備？走怎樣的路線？要費多少時間？把這些問題提出來，讓大家一起研討，使他們對爬山興起莫大的樂趣，爬山就成為一種享受。

從事工作也一樣。讓部屬參與計劃的擬定，多方研討可行的方法，工作本身就具備了充分的魅力。

大文豪哥德曾經如是說：

「工作若能成為樂趣，人生就是樂園；工作若是被迫成為義務，人生就是地獄。」

為人上司者應該對這句話再三沈思，設法激起部屬對工作的樂趣，使他們的人生變為樂園。

秘訣3　運用「平均的法則」

這年頭的多數年輕人，都有「工作少，報酬多」的願望，他們認為工作量超過應得之薪資，是一件很不划算的事。算盤打得可眞如意。

他們沒發覺到，自己的錯誤，大得離譜的事實。

美國一位以推銷顧問師聞名的M．狄波博士，說過這樣的話：

「推銷有所謂平均的法則，忽視了它，任何人都無法成為傑出的推銷員。」

狄波舉出了下面的例子，說明他的主張。

某公司有三個推銷同一種產品的推銷員。

他們的年齡都一樣，推銷經驗和手法，也差不到哪裏，但是，業績却不一樣。

三個月來，他們的銷售記錄如下：

●推銷員A的業績

訪問次數六〇〇次　締結二四〇次

（成功率四〇％）

●推銷員B的業績

訪問次數四八〇次　締結二〇一次

（成功率四二％）

●推銷員C的業績

訪問次數四三四次　締結一五六次

（成功率三六％）

從他們的成功率來看，這三個推銷員的「推銷打擊率」大致不分軒輊。

不過，相比之下，A比B多締結了十九％，也比C多締結了五四％。

之所以如此，是因爲A比B多訪問了二五%，比C多訪問了三八%使然。這叫做推銷上的「平均的法則」。

由此可知，要提高銷售業績，光是提高打擊率也沒用，務必增加訪問次數才是關鍵所在。如把注意力集中到訪問次數，推銷打擊率自然而然也能提高。理由是在，由於會面的時間變得緊湊，爲了增加訪問次數，就必須把工作組織化、計劃化。

唯有透過這些手法，才能培養出一個優秀的推銷員。例如，爲了增加訪問次數，就得注意到：

●使訪問路線合理化。

●每一次的會面時間要盡量減少，使之具有效率。

●爲了有效率，必須研討更進一步的推銷技巧。

如此這般，推銷打擊率才有可能逐漸提升。

這個例子也可以套用到其他的工作。

比別人工作得多，自己的能力就逐日上升，收入也隨著水漲船高。工作時但求閒散、安逸，只會逼使個人唯一的資產——能力，逐日低落，實在一無好處。

秘訣4 「象牙皂」暢銷法

紐約某家百貨公司，由於廉價鋼琴滯銷而大爲頭痛。爲了及早銷出這種鋼琴，他們登了這樣的廣告：

「這種鋼琴的特色是：

㈠音色甚佳。

㈡外表美觀。

㈢價錢低廉。」

打了一陣子廣告，效果幾乎等於零。

廣告部門只好被迫改變策略。他們從全然不同的角度，想出了這樣的廣告文案：

「爲了把府上的小姐送進社交界……」

文案下面附了下列的說明：

「音樂，是提高教養不可缺少的東西。會彈鋼琴，是社交最重要的一種手段……。」

這個廣告，正好說中了多數人嚮往的目標，因此，廣告出現後，短短兩三天之內，百貨公司的鋼琴就銷售一空。

這個事實告訴我們，訴之於人類希求的廣告，就會發揮出這般立竿見影的效果。

「象牙皂」（Ibory soap）向來以「便宜而划算」的廣告文案，打開銷路，市場佔有率也相當高。

可是，那只是曇花一現，不多久，銷路漸差。該公司設法找出原因，却一直查不出結果。

他們就請來心理學家，對這件事徹底探究。心理學家採用的方法，是派出一大群調查員，調查消費者使用「象牙皂」時，到底抱著怎樣的期待。

回答中最多的項目是：

●工作完畢之後，用「象牙皂」洗澡，好使身心俱爽，如同換了一個人。

●約會之前，使用「象牙皂」洗澡，使自己變得更具魅力。

換句話說，多數人對化粧用肥皂的期待，並不是「便宜而划算」，而是希望使自己變得「有魅力」或「一乾二淨」。

於是，該公司就停止以前所用的廣告文案，把文案改為：

「象牙皂使妳更具魅力。」

這麼一改之後，「象牙皂」的銷路，復又見好，而且一直持續下去。

由此可知，尋出藏在大衆內心深處的慾望，向這種慾望有所訴求是多麼地重要。

要確切掌握這種慾望，必須完全站在對方的立場設想才做得到。

一般上司却計不及於此，只知站在自己的立場去說服部屬，帶動部屬，這就難怪效果不彰，陷於領導上的瓶頸了。

秘訣5　卡內基的說服術

說服術泰斗D・卡內基如是說：

「我喜歡草莓，但是在釣魚的時候，我可不用草莓做魚餌，而是用魚兒愛吃的蚯蚓去垂釣。」

他又說過：

「帶動別人的唯一的方法是，探出對方喜好的是什麼，然後教對方如何得到它。」

這個道理可用於人類身上，也可用於任何動物身上。

文學家愛默生和他的兒子，有一次，要把小牛拖進小屋裏。兒子在前面使勁地拉小牛，愛默生則從小牛後面猛推。

這樣折騰了半天，小牛還是叉開四脚，用力踏地，一動也不動。

愛默生家的女傭，是出生於愛爾蘭農家的女孩，她實在看不過去，撇下工作跑來幫忙。她雖然不會寫論文或是著書，但是，至少在這時候，他比愛默生更有常識，因爲，她看出小牛的希求。

他伸出自己的手指，讓小牛把它含在嘴裏。然後，輕聲哄著牠，溫溫柔柔地拖牠進入小屋。人也好，動物也好，有所行動就是表示要滿足自己的某種希求。

因此，如想帶動一個人，務必找出對方內心的希求，訴之於那個希求，就能大功告成。話是這麼說，若是尋不出對方的希求，或者是，連對方都不知自己希求的是什麼，就有必要加以某種刺激，讓對方產生強烈的希求。

例如，不想喝水的馬，任你如何拖牠，就是不願意靠近水槽。若是有必要讓牠喝水，該怎麼辦？

方法並非沒有，讓牠先吃鹽便可。吃了鹽，口就渴，如此一來，拉牠去喝水，牠就一點也不會反抗，乖乖聽命。

善於管人、用人的上司，對這個道理無不精曉。

又如，想叫孩子吃菠菜的母親，如果勸說：

「寶寶，媽就是希望你多吃菠菜，這樣身體才會健康啊！」

這種說法八成不會有效，產生效果的說詞應該是：

「吃了菠菜，你就能長得比經常欺負你的阿健更壯哦！」

這個話，足以撼動孩子最强烈的希求，效果之大，自不在話下。

秘訣6 以對方最關心的事爲話題

美國羅斯福總統，不管對方是牛仔，或是騎兵隊員，抑或政治家、外交官，或是其他任何人，都能以最適合對方的豐富話題與之交談。

由於這個緣故，訪問過他的人，無不爲他的博聞廣識而吃驚。

羅斯福總統何以能夠做到那種地步？

答案很簡單，因爲，有人訪問他的時候，在前一天晚上，他就研究對方可能最感興趣的問題。爲了這件事，他往往很晚才就寢。

D·卡內基說過：

「羅斯福總統深知抓住人心的捷徑，在於以對方最關心的問題做爲話題。」

耶魯大學教授威廉·萊安·菲爾普斯，在八歲那一年，有一天，到了姨母家玩。

黃分時分，來了一位中年男客，跟姨母聊談。不久，他就轉變話題，跟菲爾普斯交談起來。當時，菲爾普斯正熱衷於小艇運動，對方似乎對小艇也興致不淺，一直以它做為話題。

客人回去之後，菲爾普斯就對姨母說：

「他的話眞有趣，我還沒遇過對小艇那麼喜愛的人。」他對客人讚不絕口。

姨母却說：

「那位客人是紐約的律師，他不但對小艇一竅不通，對你所談的小艇的事，也沒什麼興趣呀！」

「那麼，爲什麼他一直跟我談小艇的事？」

「因爲，他是一位懂禮貌的紳士，看出你熱衷於小艇，所以才跟你大談你有興趣的事啊！」

姨母如此教他。

菲爾普斯曾經說過：

「這件事使我印象至深，至今，仍然使我無法忘記。」

這個故事，引自D．卡內基的著作。它告訴我們一個眞理：

善於抓住人心的人，總是站在對方的立場，向對方最關心的事，表示莫大的興趣。

秘訣7　駱駝的負荷量

有些上司了解「滿足部屬的希求」是一件重要的事，但是，想到自己的權限並沒有大到可以有求必應，往往就想：既然無法有求必應，對部屬的不滿或是要求，不如裝著不懂，或是置之不理。

如果，上司抱著這種觀念，因而只知發出對自己有利的命令或是指示，那些不滿份子就一不做二不休，煽動部門的其他同事說：

「我們的課長就是無意聽我們的要求，只知把他的要求強加於我們身上。這樣的上司眞令人氣不打一處來，叫我們如何聽從他的話!?」

平時，對課長的作風也期期以爲不可的人，經此煽動就如火上加油，隨聲附和，反對課長的空氣就愈形濃厚。

這種空氣一旦形成，任你是三頭六臂的上司，也無法帶動部屬。

造成這種局面的原因，就在上司太害怕部屬的不滿。其實，部屬的不滿有什麼好害怕的？

要知道，人，由於有了不滿，爲了消除不滿獲得滿足，就有所行動。不滿，正是提高生產的原動力。

不滿可以通往生產性——身爲上司的人，應該透徹了解這個道理才行。

部下的不滿，可以比喻爲跋涉沙漠的駱駝所負荷的行李。駱駝的耐力相當大，卽使背負了重物，仍能經得起長途的旅行。

雖然如此，若是太貪心而增加牠的負荷量，終究會由於太重而仆倒不起。

多數領薪水人都背負了叫做「不滿」的行李。據調查，百分之七十的人，表示有某些不滿，又，有某些不滿的人當中的百分之七十，答說：

「雖然有不滿，每天的工作還得設法做得好。」

不滿歸不滿，工作還是要盡可能做好——這是多數領薪人的心聲。上司如果害怕面對部屬的這些不滿，刻意裝不懂，部屬對上司的不滿就只增無減，很可能逼使部屬因而「爆發」開來。

與其避不面對部屬的不滿，不如努力於理解部屬的希求，盡其可能解決他們的不滿，藉此提高部屬的工作意願。這是上司應有的體認。

第八章 如何造出良好的工作環境？

秘訣1　敏於察覺集團的氣氛

訪問各種工廠的時候，常常聽到管理人員嘀咕下面的話：

「公司規定的上班時間是上午九時，可是，在九時準時到的人只有一、二成。到了九時十分，才有五成的人，全體到齊總是在九時二十分左右。」

在這種工作場所，顯然有了不成文的慣例——只要在九時二十分前上班即可。

在某些工廠，全體到齊的時間是九時十分左右，但是，到齊歸到齊，並不是馬上工作，大夥總是喝喝茶，看看報紙，或是閒談一會，這才慢條斯理地開始工作。

在這種工作場所，已經養成了下面的氣氛：

拼命工作大可不必，只要輕輕鬆鬆地幹就好了。

又有一種工廠，課長如果提示目標說：

「這個月的目標是十。」

大夥就說：

「那位課長呀，嘴上說要做十，意思就是只要做到七就好了。」

彼此之間有這種「默契」的工作場所，對任何工作都有了打個七折的慣例。

從這些例子就知道，每個工作場所都在不知不覺中產生類似的不成文法、慣例、氣氛。

當然，也有好的不成文法、慣例、氣氛存在；問題是在，產生的是不良的不成文法、慣例、氣氛。

之所以如此，必有其因，因此，上司必須探出其因，及時訂出對策，否則，後果不堪設想。

不過，對此類集團心理全然無知的上司，倒是不少。當他發現部屬無意造出自己期待的成果，就認眞地生氣，於是，申斥、激勵兼施，想盡辦法要提高成績。

可要知道，上司越是斥責，部下也越是團結一致來反抗上司，雙方的關係就愈爲惡化，甚至演變成無法收拾的局面。

工作場所之所以形成不良的不成文法、慣例、氣氛，原因不外乎：

㈠部屬們對上司或是公司有共同的不滿。

㈡或對上司的作風產生了抗拒心理。

從上司方面來檢討，這是由於上司不懂得站在部屬的立場去考慮問題使然。也就是說，在不良的不成文法、慣例、氣氛形成之前，上司無法預先察覺。

只要經常站在部屬的立場，研判原因之所在，及時消除其因，就不至於釀成這種不可收拾的局面。

敏於察覺集團的動向、心態，是一個上司必備的能力之一。只要能夠掌握它，解決問題就不至於太困難。

秘訣2 活用「2・6・2的原理」

集團之中有工作意願强烈的成員，也有工作意願低落的成員。心理學家調查過，二者在集團中所佔的份量究竟有多大。

結果是：從中找到所謂「2・6・2的原理」。

意思是說：

●有工作意願的人，佔了全部的二成（A型）。
●沒有工作意願的，也佔了全部的二成（C型）。
●介乎兩者之間的，佔了全部的六成（B型）。

當然，這不是說，任何集團都正好吻合2・6・2的數字，有些集團是1・6・3，有些集團則是2・7・1，如此顯出各種變化的情況，並非沒有。

換句話說，2．6．2只是對多數集團做廣泛的調查後得到的平均數字而已。

A型的特點是：屬於自律性，以自動革新，不斷求進步的人居多。

C型的特點是：不滿份子或是煽動份子居多。

B型的特點是：易於隨波逐流的人居多。例如，A型佔了優勢就附和A型，自己也有了工作意願；若是C型佔了優勢就附和A型，自己也有了工作意願；若是C型佔了優勢就附和C型，自己也喪失了工作意願。

領導者（上司）務必認清部屬可以分成A、B、C三型的事實。同時也要了解：部屬會造出協力性的不成文法、慣例、氣氛，或是會造出無協力性的不成文法、慣例、氣氛。關鍵就在，集團中的A是否在容易得勢的情況，或是C在容易得勢的情況（非此卽彼）。

A容易得勢，那就表示：上司未曾辜負部屬的期待，造成了A易於活躍的環境。

若是C的勢力佔上風，那就表示：上司的管理有差錯，才引發了部屬的不滿或是抗拒心理。

上司會造成這種局面，原因就在，平時疏於跟部屬溝通，未能了解：部屬想的是什麼，希求的是什麼，工作場所目前的問題是什麼所致。

上司若在這種情況下，仍然不斷做片面的命令或是指示，那麼，C就煽動大家說：

「瞧我們的課長，對工作場所的問題，居然一無了解，就知道濫發命令而已！」

A和B對課長這種作風也抱有不滿，因而隨聲附和，反對上司的氣氛就這樣愈形加强。

要使部屬事事跟上司合作，得設法了解部屬的一切，這是先決條件。上司應該把這件事牢記於心。

秘訣3 「彩虹作戰計劃」的啓示

以經營超級市場爲主的「大榮」，有個宏偉無比的計劃叫做「彩虹作戰策略」。以東京市爲中心，將三十公里、五十公里內的地區，當做今後的人口增加區，在這個地域內，創設供應消費者必須品的店舖。由於如彩虹那樣要把店舖做半圓狀的擴展，因此，把這個計劃稱爲「彩虹作戰策略」。

「大榮」的構想是，以每三十萬人就有一家店舖的比率，擴展業務。這眞可說是日本企業前所未見的宏偉之夢。

爲了培養人才，企業必須揭示宏偉的構想（巨夢），造出一路邁向這個巨大目標的熱烈氣氛。

只要員工對達成目標有一股激動，痛苦和不滿都會煙消雲散，大夥只知朝著巨夢埋頭苦幹。

如何培育人才，已經成爲每個企業的最大課題。可是，在培育人才的方法上，走錯了方向的企業，却不在少數。

要激起員工的工作意願，使之有自我啓發的習慣，務必做到，多方傾聽員工的要求，努力創造良好的工作環境。

根據這種想法，始終專注於創造良好工作環境的企業，老實說，爲數並不多。

他們認爲，只要薪資高，作業條件、福利設施俱佳，就能作育出人才。

其實，在這種環境，往往只會培養出沒有雄心銳氣，苟且偷安的員工；造不出充滿鬪志，向高目標挑戰，力足以克服危機的員工。

要知道，首要之務並不是創造良好的工作環境，而是經營者和幹部的熱忱、精神。

經營者的熱忱、精神，如何體現於企業的巨夢，如何訴之於員工——這才是問題的關鍵所在。

「大榮」成立之時，員工只有十三人，如今，却已創造營業額超過「三越」的驚人成果。它的領導者「中內功」社長，懷著一個夢：

不以日本零售業之雄爲滿足，要成爲世界超級市場之王！

揚幟宏偉的目標和巨夢，點燃員工達成目標的意願之火，在工作的現場施以徹底的鍛鍊——

這就是「大榮」式作育人才的秘訣。

處於瞬息萬變的現代工商社會，企業急切需要的是善於處變的革命性人才，若要培養出革命性的人才，經營者必須給以員工革命性的環境，唯有如此，才能作育人才——這就是「大榮」對人才的觀念。

爲了達到這個目的，他們向員工懸出明確的構想，同時，也造出使員工「面對危機」的環境（意卽造出非向高目標挑戰不可的環境）。

秘訣4 尊重人性

民主的本義就是尊重別人。

但是，動不動就大倡民主的人，却不一定眞正的尊重別人——這就是日本社會普遍的現象。不少企業，大喊新進人員是金蛋的口號，對新人的教育、福利設施，無不用心萬分，可是，相比之下，新人却未能付出全力而工作，也不乖乖聽話。

在「出光興產」這個公司，除了經營者偶而爲之的訓示之外，並沒有實施所謂的職員教育。他們的分店、營業處則更沒有實施教育的機會。但是，進公司不多久的職員，都會自然而然地具備「出光」精神，這是值得研究的事。

新進職員都能如此的營業處，可說是人人一天到晚忙得團團轉，在那種只知忙碌工作的環境，並沒有舉行什麼精神教育，或是講課的時間。

在這樣的環境中，新進人員之所以能具備「出光」精神，原因就在，跟前輩職員一起工作之時，受到周圍的人潛移默化之故。

換句話說，「出光興產」的各地營業處，都充溢了那種氣氛，所以，在那裏工作的職員，不知不覺中就受到環境的感化而成爲充滿「出光」精神的人。

這種氣氛之造成，源自創始人「出光佐三」尊重人性的觀念。他一直認爲，工作場所就是鍛鍊、修養之所，他這種觀念無不具體地實現於他企業的每個角落。

這種工作氣氛之造成，是每個企業所企盼的，可是，就沒有一家企業，做得像「出光興產」那麼徹底。

原因何在？

因爲，別家企業注重這件事，總是虛有其表，流於形式；「出光興產」的尊重人性却是發自肺腑，一無矯飾之故。

「出光」社長在過去的人生體驗中，嚐遍了辛酸，由此掌握了一個眞理，那就是：

人，要求的是受尊重，這種慾望異常熾烈，所以，只要眞正地尊重別人，尊重他們的人性，就能帶動他們。而，它就是通往企業成功的康莊大道。

他如此堅信不疑，這種信念就此化爲他具體的行動，因而創造了「出光興產」與衆不同的「尊重別人的經營手法」，使他有了今天輝煌的成就。

第九章 如何開發部屬的才能？

秘訣1 才能由努力而來

與人相比，總覺得自己的能力不如別人，因而心懷自卑感——這一型的部屬，很容易自以爲天生無能而喪失積極進取的精神。

指導這種部屬，看似很難，實則不然。

只要讓他們了解，與生俱來的才能，其高其低，並沒有太大的差別，就不難觸發他們的工作意願。

一位姓「客澤」的人，買了一隻阿蘇兒（鸚鵡類的小鳥）。爲了讓牠記住爲牠而取的名字——PEKO，每天訓練牠五十次，結果，費了兩個月的時間，也就是說，教了三千次才會說出PEKO這個名字。

接著，教牠呼叫「客澤」，結果是只教兩百次牠就會說了。他又繼續教牠說其他的話，阿蘇兒的學習速度就愈來愈快了。

爲什麼學習的速度愈來愈快？

因爲，阿蘇兒在學習說話的時候，學習說話的第六感，愈來愈發達，學習的速度也就隨著愈來愈快。

才能這種東西，就跟學習說話的第六感一樣，天生具有這種第六感的人，便是生來具有才能，學習一件事總是速度很快。

當然，第六感的種類很多，例如：音感啦、對數字的第六感啦、對人際關係的第六感啦、對繪畫的第六感等。那些「感度」是因人而異的。

設若與生俱來的第六感，不如別人，也可以靠後天的努力把這種第六感訓練出來。

先天具有第六感和沒有的人，他們的差別，就像投石頭在深的河底和淺的河底那樣。

要使石頭積到水面，在河底深的地方就得投進更多的石頭（必須費更多的努力），在河底淺的地方，則只需投進少量的石頭卽可（不必費太多的努力）。

把石頭積到水面之時當做已有第六感之時，那麼，具有才能和沒有才能的人，他們的差距，只是石頭積到水面之間所費的努力程度不同而已。

愛迪生是世界聞名的發明家，同時也以健忘聞名。他的學業成績，因而奇差無比，名次始終是列於最末。

他的母親認爲，以通常的學校教育實在無法教育他，因此，把他留在身邊，對他施以個別的教育，使之對數學和科學發生興趣。

愛迪生就在母親的愛和熱忱之下，漸漸對學問發生興趣，因而逐漸顯露了他的才能。

當一個人發覺到，才能要靠自己造出來，他就會以倍於往日的熱忱，努力不歇。

身爲上司的人，應該在這方面對部屬多方啓發，使之對自己產生莫大的信心。

秘訣2 活用「等價變換原理」培養創造力

學習過經營學、管理學的人，由於硬要把學到的理論，套用於實際工作上，因而常常招致失敗。

當他嚐過失敗的滋味，就自以爲缺乏經營、管理的才能，因而懊喪不已，從此一蹶不振，不思捲土重來。事實上，他不是沒有才能招來失敗，而是觀念太天眞才遭到挫折。

卽令學習經營學、管理學，頂多也摸淸二至三成的理論而已。以如此缺乏內容的理論，想套用於問題的解決，自以爲此路可通，把事情看得這麼容易，那才是大有問題。

有了這種觀念，就會犯了下列的毛病：

不去細察現實的狀況，只刻意思考「該套用哪一種理論」。

孫子說過：

「用兵就是一種詭道。」

所謂戰爭是人與人之間發生的一種行爲，而，人是不時變化的東西，因此，隨其變化必須打出各種對策。這就是戰爭沒有所謂定形的策略之因。

戰爭也務必隨著狀況，及時千變萬化。經營、管理何嘗不然？注視現實，及時打出應變的策略，否則殊難一戰而勝。

要做到可以及時打出適應情況的策略，就得具有創造性的頭腦。適應環境，大動創造性的腦筋，被一般人視爲「談何容易」，實則未必如此。

有一種理論叫做「等質變換論」。要說明這個理論，可以舉出「田熊式」鍋爐（BOILER）的例子。

「田熊式」鍋爐，是熱效率極高的鍋爐，發明者「田熊」氏，就是從血液循環全身的人體模特兒，獲得鍋爐製造上的啓示。

換句話說，他是參考了鍋爐和人體相似的地方，把它「變換」爲可以使用在他理論上的東西。

電腦是從人類大腦的構造得來的啓示而製造成功的東西。孫子兵法的理論，也可以套用於經營、管理。

這些都是活用「等價變換論」得來的結果。

如果，人的腦筋都能做這樣的活用，從各種現象中，都能探得到解決問題的啓示，用來適應現實中的各種情況。它，還能進一步使我們不受才能的拘束，產生使才能更爲精進的興趣。

創造力就是循著這種途徑而來。

秘訣3 讓部屬實踐「揷象化思考」

哥侖布發現新大陸，回到歐洲之後，有人對他的偉業猛加挑剔。

哥侖布問他：

「您能不能把蛋豎起來？」

對方試了幾次，總是無法如願。哥侖布就拿了蛋，敲破底部，將蛋豎起來。對方因而被說倒，只有傻眼不吭聲的份。

這個故事，傳誦至廣，由這個故事，我們不難想像，哥侖布的確有旁人難以企及的創造能力。

想豎起蛋而無法如願，這是由於有著「蛋是無法豎起來的東西」這種先入爲主的觀念作祟所致。

有這種先入爲主的觀念作祟，一開始，腦筋就僵化了，當然湧現不了什麼新創意。

碰到這種局面時，若要腦筋發揮出創造性作用，就有必要運用「抽象化思考」的招數。

「抽象化思考」的意思是說，把問題「抽象化」之後才去思考。

把蛋「抽象化」，它就成爲固體。「豎起來」的「抽象化」就是「黏著」。

「把蛋豎起來」的「抽象化」，就成爲「使固體黏著」。

「使固體黏著」這件事，就消除了「此事甚難」的先入之見。固體黏著的例子，到處可見，根據那些例子，創意就不難源源而來。

譬如，沙上就能豎起固體，利用沙來豎起亦可，或是以膠帶貼於底部豎起亦可，抑或如哥倫布所做的，把蛋的底部敲破亦可。

要使創造性能力旺盛，就得多方尋覓創意的啓示。創意的啓示，越是從意料未及的地方尋來，越有可能成爲嶄新的創意。

把問題「抽象化」，目的就在這裏。

「田熊」把鍋爐的機能「抽象化」，將鍋爐想成以汽鍋爲中心，蒸氣在那裏循環的東西。從而發覺到，人體也以心臟爲中心，血液就在那裏循環的共同點，因此，得以把鍋爐和人體的生理連想在一起，遂發明熱效率極高的鍋爐。

地球上有數不清種類不一的物體，若把它們抽象化，站在原子的次元去掌握，就能發現萬物皆有共同點。

把某種問題抽象化之後再去思考，就很容易從不同的事物中發現到共同點，以它來啓發，創意就源源而出，如此一來，動腦筋就成了一件至大的樂趣。

秘訣4 巴黎「小偷學校」的啓示

即使沒進過學校，也能使自己的能力增進的人，大體言之，都是善於從日常所見捕捉解決問題的啓示性方法。他們是一群頭腦靈敏的人。

頭腦如此靈巧的話，「所見皆爲吾師」，透過現實社會，可以吸收到很多學問。

要做到這個地步，則平時在看、聽、讀、思考等方面，必須受過一番訓練。

這種看、聽、讀、思考的訓練，就是ＩＢＭ爲了訓練員工而創造的方法。ＩＢＭ就是靠這個方法，成爲世界聞名的企業。

我們日常接觸的萬物、萬象之中，藏著解決問題所需的無數的啓發性材料，既然如此，爲了捕捉它們，就缺不得捕捉那些啓發性材料的看法、聽法、思考法。

捕捉情報之時，使用最多的是「看」的技巧，這個「看」絕不能成爲模糊一片的「看」，所以，必須從「看」的訓練邁出第一步。

據說，古時候的巴黎，有一所小偷學校。小偷學校對那些準小偷，都施以徹底的「看」的訓練。

方法是這樣的：

將準小偷僞裝成乞丐，使之潛入目標的房子。準小偷進去之後，必須把那個房子的隔間，整個房子的構造、格局，全部牢記於腦中。

回來之後，就叫他回憶那個房子的一切，畫出一張「略圖」。不斷施以這種訓練，準小偷就養成「一看卽記牢」的眼力。

「看」的訓練，主要是逼使受訓者發揮意志力、注意力，捕捉對象的要點、機能，事後又使之回憶，而且進一步使那些要點、機能，與自己的問題意識結合，藉此解決問題，或是想出創意。

「聽」和「讀」的訓練，也如此這般把對象的要點、機能，跟自己的問題意識結合，使之產生解決問題的能力，或是創意。

至於「思考的訓練」，目的是在使問題意識，恒保旺盛。牛頓看到蘋果掉下，因而發現「萬有引力」的理論，就是最好的例子。

如果，徹底思考，問題意識就變得敏銳，可在任何人都看漏的情報中，發現驚人的啓示。

只要讓部屬在這方面有了心得，問題的解決能力、創造力都會有驚人的進展。

秘訣5 掌握伸展能力之鑰

有一個人，能夠在一顆米粒上，寫出一百首古詩，一聽到這件事，誰都會疑惑不解。在那麼小的米粒上，怎能寫出密密麻麻的字？

依照那個「名人」的解釋是這樣的：

起初，剛學著寫的時候，米粒可是愈看愈小，別說是一首詩，連一個字都寫得很勉强，但是，毫不氣餒地每天練習，那顆米粒就越來越顯得大，終至可以寫進一首詩了。如此鍥而不捨地練習，數年之後，就能寫進一百首古詩了。

人類的毅力和執拗，實在令人嘆服。

伸展自己的能力時，情況也如出一轍。可別自認爲才能毫無，前途無望。只要有執拗之心，拼命努力，久而久之，才能就逐漸增進。

殘障者所畫的畫，頗多甚有個性，意境感人的作品，不曉得作者是誰的人，看了都會想，作者必定是才能出衆的人，其實，那些作者都是沒有手的人。

沒有手，所以只好使用嘴或是脚來畫，可是，作品之佳，往往是有雙手的人想畫也畫不出來的。

看了那些畫，不禁令人感動，而且恍悟於繪畫是用心靈來畫，不是用手來畫的。

如果說，繪畫必須以靈巧的手這種先天的素質爲條件，那些沒有手的人，就不可能畫出傑作來。

沒有手而猶能畫出傑作，由這個事實就知道，繪畫並不是靠靈巧的手，而是靠「非畫出傑作不可」那種執拗之念爲驅動力。

從事繪畫之外的任何工作也一樣。能否把它做好，絕不是素質的問題，而是「非把它做好不可」的執拗之念，才是關鍵所在。

沒有手而猶能畫出傑作，想到世上有這樣的人，那麼四肢正常的自己，只要有奮起一爲的意願，必能使自己的才能更爲增進——做上司的人，若能如此剖細其理，使部屬產生自信，他們的進步就無可限量了。

第十章 如何運用和帶動上司？

秘訣1 掌握上司的期待

N進入T公司的時候，課長對他說：

「你從別的公司剛進來本公司，對本公司的各種情況還不很了解，不妨先閒著一段時日，習慣於公司的種種再說。」

看來，這位課長是個通情達理的人，N就把課長的話當眞，有三個月之久，閒閒散散地一無表現。

就沒想到，一天，突然被課長喚去。課長劈口就說：

「我可是看上你的能力才錄用了你，可是，最近很多老職員都說，你沒做什麼大不了的工作，整天幌呀幌地，悠哉過日，這是怎麼一回事？可要有點表現呀！」

N聽了之後，不禁啞口無言。

你問我怎麼一回事，我倒要問你，叫我閒著一段時日的是誰呢？N在心裏這樣想。

這件事到底是誰的錯呢？

老實說，事情應該歸咎於N的疏忽大意。

N是中年人，在別的公司屢有表現，是課長看上他才特地錄用的人。起初，課長告訴他「閒著一段時日……習慣於公司的種種再說」，這句話的用意是：

「中途轉入的人，在還不十分了解公司情況時，如果急於要改革，就很容易遭到老職員的封殺，所以，謹愼爲妙。」

N對課長的用意，一無洞悉，把他的話天眞地照字面去解釋，於是，遵命閒閒散散了好一陣子，才惹出這個紕漏來。

做部屬的人，必須掌握上司期待於你的是什麼，且以行動表示不辜負上司的期待，否則，就無法運用上司，帶動上司。

上司對你的期待，並不一定次次以率直的言語表現出來，倒是嘴上說這樣，心裏却要你「做那樣」。也就是說，形之於言語的和心中期待的完全是兩碼子事。

以這個例子來說，縱令上司眞的說，要你「閒散一段時日」，也不能如其所言，眞的來個「閒散一段時日」。

因爲，天下之大，沒有一個上司是希望部下「閒散著過日」的。從這一點就該料到，上司的話含有「弦外之音」，從而探出上司的「眞心」才對。

只要稍加思索，就不難了解，上司期待於你的是：

「及早習慣於本公司的風氣，熟習於本公司的工作，早日融合於新環境。」

為了不辜負這個期待，你得廣與其他同事和前輩交往，多方請教，早日跟他們打成一片，造出良好的人際關係。

當上司看到這樣的你，定會會心一笑，認爲你是個殊堪造就的人才。

秘訣2 彌補上司的缺陷

任何了不起的人，也不可能是萬能者，難免有某些缺點。因此，傑出的經營者（或是幹部），若有能夠彌補其缺點的輔佐之才，那個企業（或部門），就會大有發展。

「本田宗一郎」有個傑出的副社長「藤澤武夫」；SONY的「井深大」，有個傑出的輔佐人物「盛田昭夫」。

這一類的輔佐之才，若不是可以彌補經營者的缺陷，雙方就無法融洽相處。

假設，雙方的關係是一較長短的關係，所謂一山不容二虎，兩雄無法並立，必給企業帶來無休無止的糾紛。

如果，你想運用和帶動上司，却跟上司的長處一較高低，勢必招致失敗。毋寧是說，你要洞悉上司的弱點，在那方面發生彌補的作用，才能運用和帶動上司。

部屬若是才華拔尖，鋒芒畢露，做上司的人總是多多少少感到威脅，時時有所防備。

因此，聰明的部屬，總是設法隱藏自己的才能不至於太露，誠心誠意爲上司盡忠，以免被視爲「眼中釘」。

「M電機」有一位叫做K的幹部，在一次人事調動中，給拔擢爲人事處的主任。人事處原就有三位主任，所以，新到任的K，就不太受經理的注目。

K絞盡腦汁要想出能受到經理賞識的機會。他把思索的重點放在經理的弱點。他終於尋出經理在人事考績方面，沒有什麼特別的手法。公司的員工對人事考績的方式，屢有煩言，便是最好的證明。

K的結論是：在考績制度的改善方面露一手，就能使經理對他另眼相看。

於是，他暗中研究考績制度的種種方式。幸好，大學的一位學長，是考績制度的專家，他就向他誠心求教，開始擬一份新的考績制度。

經過反覆修改，他擬定的考績制度，大受學長的稱讚，他就信心十足地把這一份「考績制度改善方案」，呈給經理。

經理看後喜若天降，立卽採用。長年困擾他的問題就此一舉解決。從此以後，K主任就成爲特別器重的人才。

秘訣3 越頑固越好操縱

久經世故的人都說，越頑固的人越容易受騙。下面是一個眞實的故事。

某中小企業的經營者M，以典型的頑固聞名。部下向他提出勸言，或是持著與他相反的主張，他總是堅持不讓，絕不接納部下的意見。

這位M社長，在某些時候，却很聽從馬屁蟲部屬的話。例如，晚上飲宴之時，黃湯落肚，氣氛寬鬆，馬屁蟲幹部就揑造反對派幹部的壞話，向M社長猛說。M社長立刻把話當眞，盛怒之餘，隔天就把那些幹部貶職。

頑固成性的M社長，爲什麼輕易受騙？

原因就在，一到夜晚，寬鬆下來之時，他的另一面就適時出現。所謂另一面就是，與白天的頑固相反的個性——率直地順從別人的意見。

頑固的人，內心深處總是逐漸萌芽「順從別人意見的願望」（一種補償心理）。

因爲，他也知道，只憑頑固，在社會是行不通的，於是，自我防衞的行爲——補償頑固過度的心理，就在內心孕育出來。

這種願望造成他的另一個面貌。入夜，精神寬鬆之時，這種面貌就及時出現。馬屁蟲幹部追隨他多年，熟知他這個內幕，因此，被毀謗的幹部就遭了殃。

想說服頑固的上司，挑在他擺出頑固面貌時與之正面衝突，那就愚笨如牛。這麼做，只會使他更為頑固。要說服他，必須訴之於他的另一個面貌。

當上司心情寬鬆，戒意全消時，乘虛而入，將是最佳時期。聰明的部下，都知道必須如此迂迴以進。

心術不良或是冷若冰霜的人，絕不是一天到晚都是那副模樣。他們總是另有截然不同的一副面孔，只是他們戒心太强，不輕易顯露而已。

想拖出他的另一面，就有必要獲得他的信賴。當你被信賴，而力足以拖出他的另一面時，任何頑固成性，或具有怪癖的上司，都能夠被你運用和帶動的。

秘訣4　讓上司也揷一脚

年輕人往往天眞地想，合乎道理的提案，定被接納，優異的意見，必受讚同。事實上，在現實社會裏，並不一定都能如此順利。

假設，你對上司以口若懸河之勢，大談上司想都沒想過的創意，也許，你自以爲這個提案好到前所未有，上司必定大爲嘆服，對你連聲道謝。

事實上，未必如此。

要是很不幸，你遇到的上司是能力泛泛，或是過於自信的人，你這個希望就會落空。他們不是對你的滔滔而言，有自尊受到傷害的感覺，就是擔心你會成爲凌駕於他之上的實力人物，而心懷戒意。

T公司的D課長，起初，對這種人性微妙的心理一無所知，因此，向A經理呈上種種提案。

A經理卻老是喜歡挑剔，對他的提案，統統是未置可否。

D課長不愧爲幹才，嚐過幾次這種滋味之後，發現不對勁，於是，開始研究A經理不歡迎他的提案的理由。幾經思考之後，他恍悟到原因在於A經理的性格。

A經理是屬於固執己見型的人，當部下突然提出一個好提案，並且要求採用它，這就使他失去了「插上一腳」的機會，是這件事使他心有不滿。

D課長發覺了癥結所在，就想出了一套讓經理表演重要角色的方法。

「經理，這次的計劃，我覺得A案和B案比較可行，但是，到底選定哪個案才好，我倒是給迷惑了，還是請經理做個判斷吧！」

他使出這個方法，把決定權留給經理。

「噢……我看，是A案比較好。」

經理不但替他下了決定，也由於大有面子，高興得什麼似地。

即使你想出了一種絕好的意見，有時候，也得裝出一竅不通的樣子，向上司若有其事地討教，並且傾耳諦聽，必恭必敬。

這麼一來，那個無能的上司就想：

「他呀，雖然畢業於一流大學，在實務上，到底比不上我，也懂得這麼必恭必敬地向我討教，可眞是孺子可教呀！」

這年頭的年輕人，對這或許覺得「實在無聊」，可要知道，要運用和帶動無能或是頑固的上司，有時候就非運用這種演技不可。

秘訣5　動不了上司就帶不動部屬

部屬評價自己的上司時，往往從下面的角度去判斷：

㈠這個上司，到底有沒有把我們的想法充分反映給上峯的本事？

㈡這個上司，到底有沒有帶動上峯的實力？

也就是說，卽使是能力拔尖的上司，若是對上峯只知唯唯是從，部屬對他的評價就好不到哪裏。

當然，光是重視下面的要求，事事跟上司頂撞，那也糟糕。站在中堅幹部的立場，應該有眼觀大局的能力，有些事也得考慮到經營者的處境，否則，做幹部的意義就不再存在了。

顧及上峯就顧不到部屬，顧及部屬就顧不到上峯——簡直是夾心麵包一樣，立場之難，足可想見，但是，如果無法在兩者之間做橋樑，適度調整兩者的關係，管理人員的工作就難稱其職了。

一般而言，多數管理人員，以犧牲弱者討好强者居多。結果是，抵拒不了上峯的要求，不斷把難題推到弱者（部屬）那一邊。

要是常年如此，部屬就被迫採取「陽奉陰違」的手段對付他們的上司。表面上對上司的命令絕不違抗，實則暗中來個「窩裏反」。

能幹的管理人員，可不會造成這種局面。

在緊要問題上，他定會盡展說服技巧，阻止上司做過份的要求。K公司的A課長就是這樣。

當經理下達礙難遵行的要求，A課長絕不會開門見山地反對說：

「經理，那可不行！」

A課長很清楚，如果，自己以這種口氣說話，經理對反對己案的A所說的理由，絕不會靜心而聽。A課長會這樣回答：

「經理，老實說，我也希望照您的方案斷然做這件事，所以，花了一些工夫去研究如何達成這個方案。

我發現，如果要達成這個方案中的目標額，不但工作的品質會下降，也有可能發生嚴重的錯失。要是經理認為那也無礙，那，我就遵命而為了。」

經理聽他這麼說，不禁沈思起來。工作的品質會下降，又有可能發生差錯，權衡一番之後，他也覺得不宜太貿然行事。於是，同意把方案中的某些地方，做適切的修正。

A課長的手法，妙就妙在，聲言一定照經理的話去做（保全了經理的面子），所以，後來就輪到經理也給了他一個面子（對方案有所修正）。

第十一章 如何領導女性員工？

秘訣1 洞悉女性特有的心理

某百貨公司的年輕經理，有一次，跟看似對自己有好感的女服務生約會，她隨口答應了。

這位經理興沖沖地依時赴約，却沒想到對方居然黃牛（爽約）了。

事後，他逢人便嘆說：

「我眞搞不懂女性的心理。」

這位經理可說是對女性故弄玄虛的心理一無所知，才會吃了虌。

女性有一種特性，那就是喜歡有人注意她。這是由於企盼別人肯定她的存在價值所致，說來，是虛榮心的表現。

有這種虛榮心，所以，才會故弄玄虛，或是賣弄風情，藉此確定對方的反應。

單純的男性，却誤以爲她那種態度是對他表示好感，因此，常常發生吃虌的事。

可要知道，切莫爲此而動怒。因爲，存心要引起對方的注意力，表示她多多少少對他有好感。

對一個毫無好感的男性，也擺出故弄玄虛的態度，這是不太可能的事，如此一想，就不至於生氣了。

女性喜歡別人注意她。你如果忽視了她這個心情，她的好感就一變而爲反感，所以不得不小心。

女性容易感情用事，因此，轉瞬之間就從某一個極端走到另一個極端。

例如，上司在走廊跟她擦身而過，她向上司打了招呼，上司却未及注意，默默走過，這一件事就可能使她對這位原是抱著好感的上司，立刻產生反感。

基於這個緣故，上司對女性部屬務必注意這些小節，以示肯定她的存在價值。如此一來，她就會整天快快樂樂地工作。

肯定女性的存在價值，雖然重要，可別對她們說出顯明的奉承話，這麼做，她們往往認爲那是故意嘲笑，有時候就會柳眉倒豎。

女性在這方面的第六感，比男性敏銳得多，頗有一眼就能看穿男性的謊言那種本事，因此，把太顯明的奉承話，加在她們身上，往往產生適得其反的結果。

更令人感到棘手的是，女性常常有言擧和眞心相反的態度。

「唉呀，我這個人算什麼嘛！」

這句話的含意是，她正在强調自己的價值。

所以說，上司若要帶動女性部屬，如果對這種女性特有的心理未盡了解，就無法得遂所願。這是務必牢記於心的事。

秘訣2 剛柔兼施

女性經常使用「眼淚戰術」對付上司。

挨了上司的罵就淚兒盈眶，或是哭出來。男性上司一看到她流淚或是哭出來，語氣就軟下來，不敢進一步斥責，因此，在指導上往往出現「嘎然而止」的現象。

這種見了眼淚就退却的作風，可說是對女性的另一面一無所知，手法之拙劣，值得研討改進。

女性有依偎統率力强勁的上司這種心理，因此，過分軟弱的上司就無法帶動女性員工。

女性喜歡三三兩兩組成小集團，也是由依偎心理而來。不加入什麼小圈圈，她們就有抹之不去的不安感。

認清女性這種心理就不難知道，做女性員工的上司，務必讓她們覺得「值得依賴」。具備這種强勁的指導力，才能使她們就範。

由此可知，管理或指導女性，就不能受女性眼淚之騙，要以强而有力的態度臨之。話是這麼說，是不是突然以强而有力的態度臨之，女性就服服貼貼？答案並不盡然。應付女性之難就難在這裏。

由於女性希望別人認爲她是個不錯的人，又是感情用事居多，所以，除非內心對上司有信賴感，因而認爲上司之嚴厲斥責她，是爲了她好，否則，她就無法坦然地接受上司的斥責。

上司要使部屬有這種信賴感，就要看平時的作爲如何。平時，這個上司若是個對女性員工有深切了解的人，懂得多方照顧她們，使她們心存感念，有這種底子的話，在她們犯了錯的時候，厲詞申斥，就能產生指導效果。

負有指導女性員工之責的上司，必須具備嚴厲和多方照顧的兩面性的能力。偏於一方，事情就多有困阻。

只會照顧，但是缺乏剛强的一面，就顯得柔弱如女人，女性員工就覺得這個上司不值得依賴，對他的評價也就好不到哪裏。

反過來說，只知嚴厲，缺乏多方照顧的一面，就被認爲：「只會跟我過不去」，因而懷恨在心。

總而言之，指導或管理女性的上司，必須善於兼施剛柔的兩面，才能帶動她們。

秘訣3 指導方法要細膩入微

管理女性的上司務必認清的是，女性跟男性不一樣，在各種方面都顯得消極的事實。

由於消極成性，她們很少對工作自動下工夫，積極而爲。因此，上司必須詳加觀察她們的工作情況，細膩入微地指導，否則很難使她們充分發揮出力量來。

很多上司慨嘆女性部屬不肯積極地工作，這是不了解女性有這種特性之故。

一般說來，女性只想做上司交代的事，無意大動腦筋在其他工作上，所以，若要帶動她們，先得詳細觀察她們工作的方式，然後，巧妙地逐一分配適當的工作，這麼一來，她們就不至於消極到一無作用了。

女性由於消極成性，無法使創意源源而來。不過，只要上司善於指導，照樣可使她們發揮出創造力來。

A工廠的女作業員，對單調乏味的工作，時有煩言。她們的上司H，就對她們說：

「單調乏味嗎？那，我們就來研究如何使工作不至於單調乏味的方法吧。」

H給她們發掘個中竅門的一些啓示。她們就認眞地動腦筋，多方研討，也向技術部門的老手討教，終於發明了一種自動機，把她們單調的工作交給自動機去操作。

這個例子告訴我們，一口咬定女性沒有獨創力，是錯誤的。只要刺激了她們的創造力，照樣能使她們發揮獨創力。

女性的另一個缺點，是缺乏執行力。

這也可以靠上司的指導有方，糾正過來。要她們有執行力，必須大膽地把工作交給她們，並且把責任加在她們身上。

當她們對工作感到有意義，就會變得喜歡行動，爲上司委託之事，全力以赴。

總而言之，只要上司指導得當，女性也可以發揮出絕不遜於男人的能力，這種例子倒是屢見不鮮。

秘訣4　待之以公平

女性的競爭心很强，也容易感情用事，因此，管理女性當以公平爲原則，不然的話往往招來意料不及的反抗行爲。

例如，在一群女性面前說話，若是對眉目清秀的某一個部屬有了好感，因而猛注視著她說話，其他女性就怒火中燒，背後罵說：

「B課長就只知道重視〇〇。」

這句話一傳十，十傳百之後，B課長就很難帶動全員了。這不是芝麻小事，務必小心爲妙。

又，由於女性容易感情用事，對某個女性有所指責時，如非手法得宜，往往造成反效果。部屬犯了錯，可不能把罪名全歸咎於她，身爲上司的人應該表示大半責任在自己（指導不當、監督不周之類），否則很難帶動她們。

「只要事先好好提醒妳，妳也不至於犯這種錯的。」

先這樣使她臉上掛得住，然後才說：

「可是，妳會惹出這種失敗，倒也有注意力不夠的責任，下次可得小心呀！」

如此這般，輕描淡寫地申斥一下，她就欣然接納上司的忠告。

女性好惡的感情也相當強烈，因此，絕不能做出傷害她們感情的言擧。

平時就要用心觀察她們的行動，當她們表現得好，就鼓勵有加，使之心花怒放。在走廊相遇之時，也莫忘了跟她打個招呼，以示關心。

如此顧慮周到，她們就對上司有了向心力，自然而然會盡忠職守，力求表現。

女性還有一個習慣，是上司必須特別注意的，那就是她們多半喜歡造謠中傷，不滿也特別多。如果任她們的不滿逐日高漲，她們會結成一氣，處處與上司作對。

為了防範未然，上司平時就要跟她們打成一片，了解她們的不滿，設法使那些不滿排除殆盡。

秘訣5　化除反目狀態

女性之間的反目成仇，是見慣不奇的事。在工作場所發生這個現象，就會使上司頭痛萬分。D工廠的早班女工和晚班女工，各自組成小集團，反目成仇。

上司多方探查，却找不出癥結所在。目前為止，上司只得到一些眉目，那就是，早班的人向晚班的人交接時，由於常常有所遺漏，害得晚班的人在工作上帶來甚多困擾。

不僅僅是這家工廠，在其他企業，尤其是女性員工衆多的企業，各自組成小集團，反目對立的現象，經常可見。這種反目失和的理由，以不清不楚居多。

通常，是各小集團中的某一個人，討厭另一個人，雙方隨聲附和的伙伴，愈來愈多，就此形成小集團對小集團的對立。

有時候，是為了共同的利害關係，結合在一起，因而造成水火難容的局面。

不管是哪一種，起初都是爲了芝蔴小事而鬧問題，經過一段時日之後，反目現象愈來愈强烈，直到完全表面化的時候，雙方的病症已經是「纏綿不癒」，到了回春無望的地步。

屬下有衆多女性的上司，因此必須做到：

㈠平時就注意那些小集團的動靜。

㈡自動闖進她們的集團中，設法化除不滿。

㈢利用慶生會、個別談話的機會，促使全員打成一片，造成和睦相處的環境。

㈣雙方的對立表面化時，叫來各集團的領導者，請她們從中疏導，使雙方握手言和。

第十二章 如何對付難纏的部屬？

秘訣1　分析反抗份子的心理

破壞團隊合作而爲所欲爲的部屬，著實叫上司感到頭痛。遇到這一類麻煩的時候，上司如果無法了解爲什麼部屬會有那種行爲，就不能及時打出對策。

破壞團體合作而猶得意洋洋的人，大部份是由於內心藏有「急於受人注目、承認」的慾望所致。

上司不重視我，同事、晚輩也不把我放在眼中——在這種情形下，一個人就滿肚牢騷，心急如焚，爲了讓大家對他刮目相看，他就以行爲來表現這種慾望。

無法以正當的方法使自己獲得衆人的肯定，只好退而求其次，從劣跡昭彰上求得揚名的機會——這是不惜破壞團體以求別人注目的人，其心理上的背景。

當團隊合作屢被破壞，身爲上司的人就不得不注意到這個破壞者。如此一來，他的目的就達到了。

更有一種部屬，爲了使自己變成搶眼的人物，不斷注意上司的失敗，猛扯上司的後腿。

當他發現上司犯了什麼錯失，心中就大喊「好極了！」，立刻以此爲題材，大事煽動同事。「我們那個寶貝課長，實在優柔寡斷得不像話。這麼重要的時候，就是無法下決斷。」同事們平時對上司也有一肚子牢騷，因此，無不隨聲附和。這個反動份子從此受到大家的注目，成爲他們的「頭子」，達到受人重視的目的。

爲了防止這種失敗，上司平時就要謹言愼行，以免對反動份子授以口實。同時，也要注意這種善於煽動的部屬，平時做了些什麼行爲，將其弱點掌握，使自己立於有利的地位。

當煽動份子有行動越軌的跡象，上司就可以先發制人，狠狠地整他一頓。上司始終以信心十足的態度臨之，反動份子就自知敵不過，只好「捲起尾巴」安份起來。

秘訣2　不滿份子要各個擊破

在某個公司的集團之中，如果不滿份子只有一個，除非上司犯了太不像話的錯誤，大可不必擔心。

由於只有一個不滿份子，當他有違規的行爲，擾亂了團隊合作，上司可以採取嚴厲的手段，對他實施個別教育。

不滿份子也由於附和的人絕無，在孤掌難鳴的情況下，不敢太囂張。

要是附和不滿份子的人逐漸增多，他們會組成小集團，要壓倒他們就不容易。

不滿份子變成兩個人時，他們等於有了搭擋，立場比較有力，若是增爲三人，力量就更增大，上司要應付他們就有點力不從心了。

因此，上司必須愼重打出對策，否則情況會很糟。

要是不滿份子增到四人以上，與其說是部屬的性格有問題，不如說是上司的處理方式不佳，才使不滿份子愈來愈多，因此，上司本身就有必要反省自己的作風。

由於部屬的性格乖異、爲人偏頗，或是反抗成性，因而聚衆反對上司，這種情況下的不滿份子，頂多在一個單位中有二、三個而已。

上司該如何對付這些部屬？

假設，某部門有三個不滿份子，三個人結合一氣，同進同出。分析這三個人彼此的關係，當知他們保持關係密不可分的可能性比想像中少得多。

甲和乙也許關係牢不可攻，但是，丙和甲、乙兩人的關係可能是時有摩擦。

這時候，上司就得跟丙好好交談，深入了解丙的一切，設法使丙對上司懷有的敵意，逐益消除。

如果處理得順利，三個不滿份子就減為二人，力量大受削減。

接著，上司要和甲、乙溝通，多方指導，並且深入了解他們。

要是甲、乙二人結合得緊，任何人也撼動不了，依然對上司有「敵愾同仇之心」，那就把甲、乙中的任何一個，調離目前服務的部門。

如此一來，反抗份子僅剩一個，勢力大弱，上司就趁機對這個僅存的不滿份子，施以嚴格的指導，就能逐漸排除他的惡性影響力了。

秘訣3　了解部屬的成長歷史

部門中若有動不動就反抗上司，或是跟上司作對的部屬，上司就有必要調查他的成長歷史（環境、背景、出身等等）。

因為，這一型的部屬，很可能在過去被人欺壓過，或是嚐遍辛酸，因而使其性格變得乖僻、不開展，才有這一類的行為。

這些人的特點，是對强者懷有「被害意識」。因此，總要搶在上司攻擊之前，先攻擊上司。

了解這些反抗份子的心理背景，上司就不至於為他們的行為而認眞生氣。毋寧是說，反而油然生起同情心。

原來，他在過去受過那麼多挫折，才有這種行為……。一想到這裏，上司反而會興起「拉他一把，使他成為正正堂堂的人」這種念頭。

上司若有如此深切的理解，對待反抗份子的態度就變得和祥，部屬的敵愾之心就隨著減弱。

反抗份子之所以對上司採取攻擊性的態度，是生怕受上司欺壓的「被害意識」所致。因此，當他看到上司的態度溫和而大方，就戒意大降，反抗心也為之緩和。

要是他知道了上司對他的缺點有深切的理解，對自己也有好感，他就覺得已無反抗上司的必要。

C工廠的一位作業員，如是說：

「以前的上司都把我當做反抗份子，對我有反感，因此，處處找我的麻煩。

新來的這位上司，不但了解我的缺點，也多方照顧我。所以，對他我可沒有任何反抗心……。」

人的感情都會透過言擧，形之於外，因此，雙方在這方面都會敏感地有所反映。

對方對我有反感——這一類的事，不經言詞，也會使人立有所覺。

何況，自小生活於不遇之中，常被別人欺侮過的人，這種第六感可說是特別發達。因此，對方一有惡意就馬上有所察覺。

卽使言詞上說得圓滑異常，對方的眞心，他就是揣摩得一清二楚。

總而言之，對付反抗份子，要使出兩個法寶：

㈠了解他的過去，同情他的遭遇。

㈡以莫大的同事愛，幫助他不斷成長。

秘訣4　消除抗拒之因

俗話說得好，物以類聚，臭味相投。

也就是說，彼此看得順眼，就意氣相投，相處甚歡。若是彼此覺得不順眼，人際關係就僵了。

這是常有的事。甲覺得乙那種類型的人，實在格格不入；乙呢，也會因而對甲有了偏見，認爲甲是個極刺眼的人物。

於是乎，雙方就只注意到對方的缺點，彼此抗拒不已。彼此討厭的人，眞會把對方令人厭惡之處，看得透徹，這就等於各自把缺點的一面亮出來，怒目相向。

又，由於對方是個棘手的人物，因而對他擺出低姿態，這麼一退却，等於使對方愈爲囂張，使自己愈處於下風。人類的心理，就是這般微妙地給看穿。

今日的企業幹部（上司），最大的弱點，是對部屬（尤其是年輕的部屬）太過小心謹愼，唯恐得罪。

幹才難覓，人員補充也不易，因此，自己管轄的部門，若有人求去，等於顯示自己管理無方。所以，生怕受到上面的指責而戰戰兢兢。

上司以這種態度對待部屬，部屬就佔了上風，領導和管理部屬的工作，就愈來愈難。

這個部屬若是反抗份子，對上司就更會擺出高姿態，肆無忌憚地爲所欲爲。

無法使反抗份子就範，主要原因是在，他已看透了上司的懦弱，難怪他要大逞威風，不把上司當上司看待了。

上司在內心對反抗份子藏有一股厭惡感，反抗份子對這也清清楚楚，因此對上司的反感，只增無減。

多數上司都認爲，是他太難以對付，不是我無能。其實，任他如此胡爲，一大半責任應該歸咎於上司。

人與人的關係是相對的，由於上司只看部屬的缺點，心存厭惡，部屬也就對上司懷有敵意；由於上司不敢得罪他，行爲懦弱，才會使他愈形囂張。

身爲上司的人，應該省悟到，使部屬如此的責任是在自己徹底改變自己的態度。除非做到這一點，部屬是不可能脫胎換骨，成爲像樣的企業幹才。

秘訣5　爲中年、高齡的部屬打氣

很多上司由於無法駕御中年、高齡的部屬而頭痛欲裂。這個年齡層的部屬，以精於世故居多。因此，在工作上常常爲上司帶來麻煩。

E工廠一位經理如是說：

「他們不會面對面地抗拒我，可是，卻在背地裏煽惑員工，或是說上司的壞話，或是用降低工作速度等等方法扯我的後腿……。」

我還是那句話：使部屬一至於此，上司也難脫責任。此話怎講？

因爲，上司不甚了解中年、高齡部屬的心理，對他們抱著「敬而遠之」的態度，才會發生這種現象。

這個年齡層的部屬，常見的缺點是：

㈠自認服務期間所剩不多，因此盡其可能輕鬆工作的心理頗濃。

㈡凡事講究「得過且過」。

由於這些人的居中「作亂」，工作場所的士氣，往往無法高昂，上司的命令也無法徹底執行。由於這個緣故，上司對這些人總是敬而遠之。

可是，這個年齡層的人，他們眞的如此消極，如此不知奮發？

他們並不希望消極，也不希望得過且過。

他們也是人，當然都有自尊心，也衷心渴盼自己成爲有存在價值，對企業有貢獻的人。盼歸盼，由於現實世界與他們所期待的是兩碼子事，他們才破鑼破摔，行爲上偶有脫節。上司只要對他們這種心理有所了解，就能如手使臂地活用他們。

T工廠的A主任，年紀尚輕，可是，用中年、高齡部屬的技巧却很高明。

每當遇到什麼難題，他就徵求他們的意見，或是跟他們研討，對他們的經驗、知識、技能充分表示敬意，因此，他們都說：

「A主任雖然年輕，却通情達理，大家對他都有好感。」

對年齡相當大的這些人來說，至今，還混不上一個幹部職位，還要被比他們年輕許多的人管理，心裏可不是滋味。

上司如果對這一點沒有了解，言擧上刺激了他們的自尊心，他們當然會興起抗拒心。由於年紀已大，轉行嘛，又沒有勇氣，只好在背地裏，黏黏叨叨地做陰險的報復，以洩心中怒憤。

爲防止這種現象，上司就要做到下列幾點：

㈠使他們活用自己的優點。

㈡有難題時向他們徵求意見，並且反映於工作上。

㈢賦予特別任務。例如，做技術指導員（活用他們的技術），或是年輕員工的生活顧問（解決紛爭、疑難）等等，使他們的自尊心獲得滿足，藉此激發他們「還大有可爲」的自信，以及工作意願。

大展出版社有限公司 圖書目錄

地址：台北市北投區(石牌)
致遠一路二段12巷1號
郵撥：0166955～1
電話：(02)28236031
28236033
傳真：(02)28272069

・法律專欄連載・電腦編號58

台大法學院 法律學系／策劃
法律服務社／編著

1. 別讓您的權利睡著了 1 200元
2. 別讓您的權利睡著了 2 200元

・秘傳占卜系列・電腦編號14

1. 手相術 淺野八郎著 180元
2. 人相術 淺野八郎著 180元
3. 西洋占星術 淺野八郎著 180元
4. 中國神奇占卜 淺野八郎著 150元
5. 夢判斷 淺野八郎著 150元
6. 前世、來世占卜 淺野八郎著 150元
7. 法國式血型學 淺野八郎著 150元
8. 靈感、符咒學 淺野八郎著 150元
9. 紙牌占卜學 淺野八郎著 150元
10. ESP超能力占卜 淺野八郎著 150元
11. 猶太數的秘術 淺野八郎著 150元
12. 新心理測驗 淺野八郎著 160元
13. 塔羅牌預言秘法 淺野八郎著 200元

・趣味心理講座・電腦編號15

1. 性格測驗① 探索男與女 淺野八郎著 140元
2. 性格測驗② 透視人心奧秘 淺野八郎著 140元
3. 性格測驗③ 發現陌生的自己 淺野八郎著 140元
4. 性格測驗④ 發現你的真面目 淺野八郎著 140元
5. 性格測驗⑤ 讓你們吃驚 淺野八郎著 140元
6. 性格測驗⑥ 洞穿心理盲點 淺野八郎著 140元
7. 性格測驗⑦ 探索對方心理 淺野八郎著 140元
8. 性格測驗⑧ 由吃認識自己 淺野八郎著 160元
9. 性格測驗⑨ 戀愛知多少 淺野八郎著 160元
10. 性格測驗⑩ 由裝扮瞭解人心 淺野八郎著 160元

11. 性格測驗⑪ 敲開內心玄機	淺野八郎著	140 元
12. 性格測驗⑫ 透視你的未來	淺野八郎著	160 元
13. 血型與你的一生	淺野八郎著	160 元
14. 趣味推理遊戲	淺野八郎著	160 元
15. 行為語言解析	淺野八郎著	160 元

・婦 幼 天 地・電腦編號 16

1. 八萬人減肥成果	黃靜香譯	180 元
2. 三分鐘減肥體操	楊鴻儒譯	150 元
3. 窈窕淑女美髮秘訣	柯素娥譯	130 元
4. 使妳更迷人	成 玉譯	130 元
5. 女性的更年期	官舒妍編譯	160 元
6. 胎內育兒法	李玉瓊編譯	150 元
7. 早產兒袋鼠式護理	唐岱蘭譯	200 元
8. 初次懷孕與生產	婦幼天地編譯組	180 元
9. 初次育兒 12 個月	婦幼天地編譯組	180 元
10. 斷乳食與幼兒食	婦幼天地編譯組	180 元
11. 培養幼兒能力與性向	婦幼天地編譯組	180 元
12. 培養幼兒創造力的玩具與遊戲	婦幼天地編譯組	180 元
13. 幼兒的症狀與疾病	婦幼天地編譯組	180 元
14. 腿部苗條健美法	婦幼天地編譯組	180 元
15. 女性腰痛別忽視	婦幼天地編譯組	150 元
16. 舒展身心體操術	李玉瓊編譯	130 元
17. 三分鐘臉部體操	趙薇妮著	160 元
18. 生動的笑容表情術	趙薇妮著	160 元
19. 心曠神怡減肥法	川津祐介著	130 元
20. 內衣使妳更美麗	陳玄茹譯	130 元
21. 瑜伽美姿美容	黃靜香編著	180 元
22. 高雅女性裝扮學	陳珮玲譯	180 元
23. 蠶糞肌膚美顏法	坂梨秀子著	160 元
24. 認識妳的身體	李玉瓊譯	160 元
25. 產後恢復苗條體態	居理安・芙萊喬著	200 元
26. 正確護髮美容法	山崎伊久江著	180 元
27. 安琪拉美姿養生學	安琪拉蘭斯博瑞著	180 元
28. 女體性醫學剖析	增田豐著	220 元
29. 懷孕與生產剖析	岡部綾子著	180 元
30. 斷奶後的健康育兒	東城百合子著	220 元
31. 引出孩子幹勁的責罵藝術	多湖輝著	170 元
32. 培養孩子獨立的藝術	多湖輝著	170 元
33. 子宮肌瘤與卵巢囊腫	陳秀琳編著	180 元
34. 下半身減肥法	納他夏・史達賓著	180 元
35. 女性自然美容法	吳雅菁編著	180 元
36. 再也不發胖	池園悅太郎著	170 元

37. 生男生女控制術　中垣勝裕著　220元
38. 使妳的肌膚更亮麗　楊　皓編著　170元
39. 臉部輪廓變美　芝崎義夫著　180元
40. 斑點、皺紋自己治療　高須克彌著　180元
41. 面皰自己治療　伊藤雄康著　180元
42. 隨心所欲瘦身冥想法　原久子著　180元
43. 胎兒革命　鈴木丈織著　180元
44. NS磁氣平衡法塑造窈窕奇蹟　古屋和江著　180元
45. 享瘦從腳開始　山田陽子著　180元
46. 小改變瘦4公斤　宮本裕子著　180元
47. 軟管減肥瘦身　高橋輝男著　180元
48. 海藻精神秘美容法　劉名揚編著　180元
49. 肌膚保養與脫毛　鈴木真理著　180元
50. 10天減肥3公斤　彤雲編輯組　180元
51. 穿出自己的品味　西村玲子著　280元
52. 小孩髮型設計　李芳黛譯　250元

・青春天地・電腦編號17

1. A血型與星座　柯素娥編譯　160元
2. B血型與星座　柯素娥編譯　160元
3. O血型與星座　柯素娥編譯　160元
4. AB血型與星座　柯素娥編譯　120元
5. 青春期性教室　呂貴嵐編譯　130元
7. 難解數學破題　宋釗宜編譯　130元
9. 小論文寫作秘訣　林顯茂編譯　120元
11. 中學生野外遊戲　熊谷康編著　120元
12. 恐怖極短篇　柯素娥編譯　130元
13. 恐怖夜話　小毛驢編譯　130元
14. 恐怖幽默短篇　小毛驢編譯　120元
15. 黑色幽默短篇　小毛驢編譯　120元
16. 靈異怪談　小毛驢編譯　130元
17. 錯覺遊戲　小毛驢編著　130元
18. 整人遊戲　小毛驢編著　150元
19. 有趣的超常識　柯素娥編譯　130元
20. 哦！原來如此　林慶旺編譯　130元
21. 趣味競賽100種　劉名揚編譯　120元
22. 數學謎題入門　宋釗宜編譯　150元
23. 數學謎題解析　宋釗宜編譯　150元
24. 透視男女心理　林慶旺編譯　120元
25. 少女情懷的自白　李桂蘭編譯　120元
26. 由兄弟姊妹看命運　李玉瓊編譯　130元
27. 趣味的科學魔術　林慶旺編譯　150元
28. 趣味的心理實驗室　李燕玲編譯　150元

29. 愛與性心理測驗	小毛驢編譯	130元
30. 刑案推理解謎	小毛驢編譯	180元
31. 偵探常識推理	小毛驢編譯	180元
32. 偵探常識解謎	小毛驢編譯	130元
33. 偵探推理遊戲	小毛驢編譯	130元
34. 趣味的超魔術	廖玉山編著	150元
35. 趣味的珍奇發明	柯素娥編著	150元
36. 登山用具與技巧	陳瑞菊編著	150元
37. 性的漫談	蘇燕謀編著	180元
38. 無的漫談	蘇燕謀編著	180元
39. 黑色漫談	蘇燕謀編著	180元
40. 白色漫談	蘇燕謀編著	180元

・健康天地・電腦編號 18

1. 壓力的預防與治療	柯素娥編譯	130元
2. 超科學氣的魔力	柯素娥編譯	130元
3. 尿療法治病的神奇	中尾良一著	130元
4. 鐵證如山的尿療法奇蹟	廖玉山譯	120元
5. 一日斷食健康法	葉慈容編譯	150元
6. 胃部強健法	陳炳崑譯	120元
7. 癌症早期檢查法	廖松濤譯	160元
8. 老人痴呆症防止法	柯素娥編譯	130元
9. 松葉汁健康飲料	陳麗芬編譯	130元
10. 揉肚臍健康法	永井秋夫著	150元
11. 過勞死、猝死的預防	卓秀貞編譯	130元
12. 高血壓治療與飲食	藤山順豐著	180元
13. 老人看護指南	柯素娥編譯	150元
14. 美容外科淺談	楊啟宏著	150元
15. 美容外科新境界	楊啟宏著	150元
16. 鹽是天然的醫生	西英司郎著	140元
17. 年輕十歲不是夢	梁瑞麟譯	200元
18. 茶料理治百病	桑野和民著	180元
19. 綠茶治病寶典	桑野和民著	150元
20. 杜仲茶養顏減肥法	西田博著	150元
21. 蜂膠驚人療效	瀨長良三郎著	180元
22. 蜂膠治百病	瀨長良三郎著	180元
23. 醫藥與生活(一)	鄭炳全著	180元
24. 鈣長生寶典	落合敏著	180元
25. 大蒜長生寶典	木下繁太郎著	160元
26. 居家自我健康檢查	石川恭三著	160元
27. 永恆的健康人生	李秀鈴譯	200元
28. 大豆卵磷脂長生寶典	劉雪卿譯	150元
29. 芳香療法	梁艾琳譯	160元

30. 醋長生寶典　柯素娥譯　180元
31. 從星座透視健康　席拉・吉蒂斯著　180元
32. 愉悅自在保健學　野本二士夫著　160元
33. 裸睡健康法　丸山淳士等著　160元
34. 糖尿病預防與治療　藤田順豐著　180元
35. 維他命長生寶典　菅原明子著　180元
36. 維他命C新效果　鐘文訓編　150元
37. 手、腳病理按摩　堤芳朗著　160元
38. AIDS瞭解與預防　彼得塔歇爾著　180元
39. 甲殼質殼聚糖健康法　沈永嘉譯　160元
40. 神經痛預防與治療　木下真男著　160元
41. 室內身體鍛鍊法　陳炳崑編著　160元
42. 吃出健康藥膳　劉大器編著　180元
43. 自我指壓術　蘇燕謀編著　160元
44. 紅蘿蔔汁斷食療法　李玉瓊編著　150元
45. 洗心術健康秘法　竺翠萍編譯　170元
46. 枇杷葉健康療法　柯素娥編譯　180元
47. 抗衰血癒　楊啟宏著　180元
48. 與癌搏鬥記　逸見政孝著　180元
49. 冬蟲夏草長生寶典　高橋義博著　170元
50. 痔瘡・大腸疾病先端療法　宮島伸宜著　180元
51. 膠布治癒頑固慢性病　加瀨建造著　180元
52. 芝麻神奇健康法　小林貞作著　170元
53. 香煙能防止癡呆？　高田明和著　180元
54. 穀菜食治癌療法　佐藤成志著　180元
55. 貼藥健康法　松原英多著　180元
56. 克服癌症調和道呼吸法　帶津良一著　180元
57. B型肝炎預防與治療　野村喜重郎著　180元
58. 青春永駐養生導引術　早島正雄著　180元
59. 改變呼吸法創造健康　原久子著　180元
60. 荷爾蒙平衡養生秘訣　出村博著　180元
61. 水美肌健康法　井戶勝富著　170元
62. 認識食物掌握健康　廖梅珠編著　170元
63. 痛風劇痛消除法　鈴木吉彥著　180元
64. 酸莖菌驚人療效　上田明彥著　180元
65. 大豆卵磷脂治現代病　神津健一著　200元
66. 時辰療法—危險時刻凌晨4時　呂建強等著　180元
67. 自然治癒力提升法　帶津良一著　180元
68. 巧妙的氣保健法　藤平墨子著　180元
69. 治癒C型肝炎　熊田博光著　180元
70. 肝臟病預防與治療　劉名揚編著　180元
71. 腰痛平衡療法　荒井政信著　180元
72. 根治多汗症、狐臭　稻葉益巳著　220元
73. 40歲以後的骨質疏鬆症　沈永嘉譯　180元

74. 認識中藥	松下一成著	180 元
75. 認識氣的科學	佐佐木茂美著	180 元
76. 我戰勝了癌症	安田伸著	180 元
77. 斑點是身心的危險信號	中野進著	180 元
78. 艾波拉病毒大震撼	玉川重德著	180 元
79. 重新還我黑髮	桑名隆一郎著	180 元
80. 身體節律與健康	林博史著	180 元
81. 生薑治萬病	石原結實著	180 元
82. 靈芝治百病	陳瑞東著	180 元
83. 木炭驚人的威力	大槻彰著	200 元
84. 認識活性氧	井土貴司著	180 元
85. 深海鮫治百病	廖玉山編著	180 元
86. 神奇的蜂王乳	井上丹治著	180 元
87. 卡拉 OK 健腦法	東潔著	180 元
88. 卡拉 OK 健康法	福田伴男著	180 元
89. 醫藥與生活㈡	鄭炳全著	200 元
90. 洋蔥治百病	宮尾興平著	180 元
91. 年輕 10 歲快步健康法	石塚忠雄著	180 元
92. 石榴的驚人神效	岡本順子著	180 元
93. 飲料健康法	白鳥早奈英著	180 元
94. 健康棒體操	劉名揚編譯	180 元
95. 催眠健康法	蕭京凌編著	180 元
96. 鬱金（美王）治百病	水野修一著	180 元

・實用女性學講座・電腦編號 19

1. 解讀女性內心世界	島田一男著	150 元
2. 塑造成熟的女性	島田一男著	150 元
3. 女性整體裝扮學	黃靜香編著	180 元
4. 女性應對禮儀	黃靜香編著	180 元
5. 女性婚前必修	小野十傳著	200 元
6. 徹底瞭解女人	田口二州著	180 元
7. 拆穿女性謊言 88 招	島田一男著	200 元
8. 解讀女人心	島田一男著	200 元
9. 俘獲女性絕招	志賀貢著	200 元
10. 愛情的壓力解套	中村理英子著	200 元
11. 妳是人見人愛的女孩	廖松濤編著	200 元

・校園系列・電腦編號 20

1. 讀書集中術	多湖輝著	180 元
2. 應考的訣竅	多湖輝著	150 元
3. 輕鬆讀書贏得聯考	多湖輝著	150 元

4. 讀書記憶秘訣 多湖輝著 150元
5. 視力恢復！超速讀術 江錦雲譯 180元
6. 讀書 36 計 黃柏松編著 180元
7. 驚人的速讀術 鐘文訓編著 170元
8. 學生課業輔導良方 多湖輝著 180元
9. 超速讀超記憶法 廖松濤編著 180元
10. 速算解題技巧 宋釗宜編著 200元
11. 看圖學英文 陳炳崑編著 200元
12. 讓孩子最喜歡數學 沈永嘉譯 180元
13. 催眠記憶術 林碧清譯 180元
14. 催眠速讀術 林碧清譯 180元
15. 數學式思考學習法 劉淑錦譯 200元
16. 考試憑要領 劉孝暉著 180元
17. 事半功倍讀書法 王毅希著 200元
18. 超金榜題名術 陳蒼杰譯 200元

・實用心理學講座・電腦編號 21

1. 拆穿欺騙伎倆 多湖輝著 140元
2. 創造好構想 多湖輝著 140元
3. 面對面心理術 多湖輝著 160元
4. 偽裝心理術 多湖輝著 140元
5. 透視人性弱點 多湖輝著 140元
6. 自我表現術 多湖輝著 180元
7. 不可思議的人性心理 多湖輝著 180元
8. 催眠術入門 多湖輝著 150元
9. 責罵部屬的藝術 多湖輝著 150元
10. 精神力 多湖輝著 150元
11. 厚黑說服術 多湖輝著 150元
12. 集中力 多湖輝著 150元
13. 構想力 多湖輝著 150元
14. 深層心理術 多湖輝著 160元
15. 深層語言術 多湖輝著 160元
16. 深層說服術 多湖輝著 180元
17. 掌握潛在心理 多湖輝著 160元
18. 洞悉心理陷阱 多湖輝著 180元
19. 解讀金錢心理 多湖輝著 180元
20. 拆穿語言圈套 多湖輝著 180元
21. 語言的內心玄機 多湖輝著 180元
22. 積極力 多湖輝著 180元

・超現實心理講座・電腦編號 22

1.	超意識覺醒法	詹蔚芬編譯	130 元
2.	護摩秘法與人生	劉名揚編譯	130 元
3.	秘法！超級仙術入門	陸明譯	150 元
4.	給地球人的訊息	柯素娥編著	150 元
5.	密教的神通力	劉名揚編著	130 元
6.	神秘奇妙的世界	平川陽一著	200 元
7.	地球文明的超革命	吳秋嬌譯	200 元
8.	力量石的秘密	吳秋嬌譯	180 元
9.	超能力的靈異世界	馬小莉譯	200 元
10.	逃離地球毀滅的命運	吳秋嬌譯	200 元
11.	宇宙與地球終結之謎	南山宏著	200 元
12.	驚世奇功揭秘	傅起鳳著	200 元
13.	啟發身心潛力心象訓練法	栗田昌裕著	180 元
14.	仙道術遁甲法	高藤聰一郎著	220 元
15.	神通力的秘密	中岡俊哉著	180 元
16.	仙人成仙術	高藤聰一郎著	200 元
17.	仙道符咒氣功法	高藤聰一郎著	220 元
18.	仙道風水術尋龍法	高藤聰一郎著	200 元
19.	仙道奇蹟超幻像	高藤聰一郎著	200 元
20.	仙道鍊金術房中法	高藤聰一郎著	200 元
21.	奇蹟超醫療治癒難病	深野一幸著	220 元
22.	揭開月球的神秘力量	超科學研究會	180 元
23.	西藏密教奧義	高藤聰一郎著	250 元
24.	改變你的夢術入門	高藤聰一郎著	250 元
25.	21 世紀拯救地球超技術	深野一幸著	250 元

・養 生 保 健・電腦編號 23

1.	醫療養生氣功	黃孝寬著	250 元
2.	中國氣功圖譜	余功保著	250 元
3.	少林醫療氣功精粹	井玉蘭著	250 元
4.	龍形實用氣功	吳大才等著	220 元
5.	魚戲增視強身氣功	宮　嬰著	220 元
6.	嚴新氣功	前新培金著	250 元
7.	道家玄牝氣功	張　章著	200 元
8.	仙家秘傳袪病功	李遠國著	160 元
9.	少林十大健身功	秦慶豐著	180 元
10.	中國自控氣功	張明武著	250 元
11.	醫療防癌氣功	黃孝寬著	250 元
12.	醫療強身氣功	黃孝寬著	250 元
13.	醫療點穴氣功	黃孝寬著	250 元

14. 中國八卦如意功	趙維漢著	180元
15. 正宗馬禮堂養氣功	馬禮堂著	420元
16. 秘傳道家筋經內丹功	王慶餘著	280元
17. 三元開慧功	辛桂林著	250元
18. 防癌治癌新氣功	郭 林著	180元
19. 禪定與佛家氣功修煉	劉天君著	200元
20. 顛倒之術	梅自強著	360元
21. 簡明氣功辭典	吳家駿編	360元
22. 八卦三合功	張全亮著	230元
23. 朱砂掌健身養生功	楊永著	250元
24. 抗老功	陳九鶴著	230元
25. 意氣按穴排濁自療法	黃啟運編著	250元
26. 陳式太極拳養生功	陳正雷著	200元
27. 健身祛病小功法	王培生著	200元
28. 張式太極混元功	張春銘著	250元

・社會人智囊・ 電腦編號 24

1. 糾紛談判術	清水增三著	160元
2. 創造關鍵術	淺野八郎著	150元
3. 觀人術	淺野八郎著	180元
4. 應急詭辯術	廖英迪編著	160元
5. 天才家學習術	木原武一著	160元
6. 貓型狗式鑑人術	淺野八郎著	180元
7. 逆轉運掌握術	淺野八郎著	180元
8. 人際圓融術	澀谷昌三著	160元
9. 解讀人心術	淺野八郎著	180元
10. 與上司水乳交融術	秋元隆司著	180元
11. 男女心態定律	小田晉著	180元
12. 幽默說話術	林振輝編著	200元
13. 人能信賴幾分	淺野八郎著	180元
14. 我一定能成功	李玉瓊譯	180元
15. 獻給青年的嘉言	陳蒼杰譯	180元
16. 知人、知面、知其心	林振輝編著	180元
17. 塑造堅強的個性	坂上肇著	180元
18. 為自己而活	佐藤綾子著	180元
19. 未來十年與愉快生活有約	船井幸雄著	180元
20. 超級銷售話術	杜秀卿譯	180元
21. 感性培育術	黃靜香編著	180元
22. 公司新鮮人的禮儀規範	蔡媛惠譯	180元
23. 傑出職員鍛鍊術	佐佐木正著	180元
24. 面談獲勝戰略	李芳黛譯	180元
25. 金玉良言撼人心	森純大著	180元
26. 男女幽默趣典	劉華亭編著	180元

27. 機智說話術	劉華亭編著	180元
28. 心理諮商室	柯素娥譯	180元
29. 如何在公司崢嶸頭角	佐佐木正著	180元
30. 機智應對術	李玉瓊編著	200元
31. 克服低潮良方	坂野雄二著	180元
32. 智慧型說話技巧	沈永嘉編著	180元
33. 記憶力、集中力增進術	廖松濤編著	180元
34. 女職員培育術	林慶旺編著	180元
35. 自我介紹與社交禮儀	柯素娥編著	180元
36. 積極生活創幸福	田中真澄著	180元
37. 妙點子超構想	多湖輝著	180元
38. 說NO的技巧	廖玉山編著	180元
39. 一流說服力	李玉瓊編著	180元
40. 般若心經成功哲學	陳鴻蘭編著	180元
41. 訪問推銷術	黃靜香編著	180元
42. 男性成功秘訣	陳蒼杰編著	180元
43. 笑容、人際智商	宮川澄子著	180元
44. 多湖輝的構想工作室	多湖輝著	200元
45. 名人名語啟示錄	喬家楓著	180元
46. 口才必勝術	黃柏松編著	220元
47. 能言善道的說話術	章智冠編著	180元
48. 改變人心成為贏家	多湖輝著	200元
49. 說服的ＩＱ	沈永嘉譯	200元
50. 提升腦力超速讀術	齊藤英治著	200元
51. 操控對手百戰百勝	多湖輝著	200元

・精選系列・電腦編號25

1. 毛澤東與鄧小平	渡邊利夫等著	280元
2. 中國大崩裂	江戶介雄著	180元
3. 台灣・亞洲奇蹟	上村幸治著	220元
4. 7-ELEVEN高盈收策略	國友隆一著	180元
5. 台灣獨立（新・中國日本戰爭一）	森詠著	200元
6. 迷失中國的末路	江戶雄介著	220元
7. 2000年5月全世界毀滅	紫藤甲子男著	180元
8. 失去鄧小平的中國	小島朋之著	220元
9. 世界史爭議性異人傳	桐生操著	200元
10. 淨化心靈享人生	松濤弘道著	220元
11. 人生心情診斷	賴藤和寬著	220元
12. 中美大決戰	檜山良昭著	220元
13. 黃昏帝國美國	莊雯琳譯	220元
14. 兩岸衝突（新・中國日本戰爭二）	森詠著	220元
15. 封鎖台灣（新・中國日本戰爭三）	森詠著	220元
16. 中國分裂（新・中國日本戰爭四）	森詠著	220元

17. 由女變男的我　虎井正衛著　200元
18. 佛學的安心立命　松濤弘道著　220元
19. 世界喪禮大觀　松濤弘道著　280元
20. 中國內戰（新・中國日本戰爭五）　森詠著　220元
21. 台灣內亂（新・中國日本戰爭六）　森詠著　220元
22. 琉球戰爭①（新・中國日本戰爭七）　森詠著　220元
23. 琉球戰爭②（新・中國日本戰爭八）　森詠著　220元

・運動遊戲・電腦編號 26

1. 雙人運動　李玉瓊譯　160元
2. 愉快的跳繩運動　廖玉山譯　180元
3. 運動會項目精選　王佑京譯　150元
4. 肋木運動　廖玉山譯　150元
5. 測力運動　王佑宗譯　150元
6. 游泳入門　唐桂萍編著　200元

・休閒娛樂・電腦編號 27

1. 海水魚飼養法　田中智浩著　300元
2. 金魚飼養法　曾雪玫譯　250元
3. 熱門海水魚　毛利匡明著　480元
4. 愛犬的教養與訓練　池田好雄著　250元
5. 狗教養與疾病　杉浦哲著　220元
6. 小動物養育技巧　三上昇著　300元
7. 水草選擇、培育、消遣　安齊裕司著　300元
8. 四季釣魚法　釣朋會著　200元
9. 簡易釣魚入門　張果馨譯　200元
10. 防波堤釣入門　張果馨譯　220元
20. 園藝植物管理　船越亮二著　220元
40. 撲克牌遊戲與贏牌秘訣　林振輝編著　180元
41. 撲克牌魔術、算命、遊戲　林振輝編著　180元
42. 撲克占卜入門　王家成編著　180元
50. 兩性幽默　幽默選集編輯組　180元
51. 異色幽默　幽默選集編輯組　180元

・銀髮族智慧學・電腦編號 28

1. 銀髮六十樂逍遙　多湖輝著　170元
2. 人生六十反年輕　多湖輝著　170元
3. 六十歲的決斷　多湖輝著　170元
4. 銀髮族健身指南　孫瑞台編著　250元
5. 退休後的夫妻健康生活　施聖茹譯　200元

・飲 食 保 健・電腦編號 29

1.	自己製作健康茶	大海淳著	220 元
2.	好吃、具藥效茶料理	德永睦子著	220 元
3.	改善慢性病健康藥草茶	吳秋嬌譯	200 元
4.	藥酒與健康果菜汁	成玉編著	250 元
5.	家庭保健養生湯	馬汴梁編著	220 元
6.	降低膽固醇的飲食	早川和志著	200 元
7.	女性癌症的飲食	女子營養大學	280 元
8.	痛風者的飲食	女子營養大學	280 元
9.	貧血者的飲食	女子營養大學	280 元
10.	高脂血症者的飲食	女子營養大學	280 元
11.	男性癌症的飲食	女子營養大學	280 元
12.	過敏者的飲食	女子營養大學	280 元
13.	心臟病的飲食	女子營養大學	280 元
14.	滋陰壯陽的飲食	王增著	220 元
15.	胃、十二指腸潰瘍的飲食	勝健一等著	280 元
16.	肥胖者的飲食	雨宮禎子等著	280 元

・家庭醫學保健・電腦編號 30

1.	女性醫學大全	雨森良彥著	380 元
2.	初為人父育兒寶典	小瀧周曹著	220 元
3.	性活力強健法	相建華著	220 元
4.	30 歲以上的懷孕與生產	李芳黛編著	220 元
5.	舒適的女性更年期	野末悅子著	200 元
6.	夫妻前戲的技巧	笠井寬司著	200 元
7.	病理足穴按摩	金慧明著	220 元
8.	爸爸的更年期	河野孝旺著	200 元
9.	橡皮帶健康法	山田晶著	180 元
10.	三十三天健美減肥	相建華等著	180 元
11.	男性健美入門	孫玉祿編著	180 元
12.	強化肝臟秘訣	主婦の友社編	200 元
13.	了解藥物副作用	張果馨譯	200 元
14.	女性醫學小百科	松山榮吉著	200 元
15.	左轉健康法	龜田修等著	200 元
16.	實用天然藥物	鄭炳全編著	260 元
17.	神秘無痛平衡療法	林宗駛著	180 元
18.	膝蓋健康法	張果馨譯	180 元
19.	針灸治百病	葛書翰著	250 元
20.	異位性皮膚炎治癒法	吳秋嬌譯	220 元
21.	禿髮白髮預防與治療	陳炳崑編著	180 元
22.	埃及皇宮菜健康法	飯森薰著	200 元

23. 肝臟病安心治療	上野幸久著	220 元
24. 耳穴治百病	陳抗美等著	250 元
25. 高效果指壓法	五十嵐康彥著	200 元
26. 瘦水、胖水	鈴木園子著	200 元
27. 手針新療法	朱振華著	200 元
28. 香港腳預防與治療	劉小惠譯	250 元
29. 智慧飲食吃出健康	柯富陽編著	200 元
30. 牙齒保健法	廖玉山編著	200 元
31. 恢復元氣養生食	張果馨譯	200 元
32. 特效推拿按摩術	李玉田著	200 元
33. 一週一次健康法	若狹真著	200 元
34. 家常科學膳食	大塚滋著	220 元
35. 夫妻們關心的男性不孕	原利夫著	220 元
36. 自我瘦身美容	馬野詠子著	200 元
37. 魔法姿勢益健康	五十嵐康彥著	200 元
38. 眼病錘療法	馬栩周著	200 元
39. 預防骨質疏鬆症	藤田拓男著	200 元
40. 骨質增生效驗方	李吉茂編著	250 元
41. 蕺菜健康法	小林正夫著	200 元
42. 赧於啟齒的男性煩惱	增田豐著	220 元
43. 簡易自我健康檢查	稻葉允著	250 元
44. 實用花草健康法	友田純子著	200 元
45. 神奇的手掌療法	日比野喬著	230 元
46. 家庭式三大穴道療法	刑部忠和著	200 元
47. 子宮癌、卵巢癌	岡島弘幸著	220 元
48. 糖尿病機能性食品	劉雪卿編著	220 元
49. 奇蹟活現經脈美容法	林振輝編譯	200 元
50. Super SEX	秋好憲一著	220 元
51. 了解避孕丸	林玉佩譯	200 元
52. 有趣的遺傳學	蕭京凌編著	200 元
53. 強身健腦手指運動	羅群等著	250 元
54. 小周天健康法	莊雯琳譯	200 元
55. 中西醫結合醫療	陳蒼杰譯	200 元
56. 沐浴健康法	楊鴻儒譯	200 元
57. 節食瘦身秘訣	張芷欣編著	200 元

・超經營新智慧・電腦編號 31

1. 躍動的國家越南	林雅倩譯	250 元
2. 甦醒的小龍菲律賓	林雅倩譯	220 元
3. 中國的危機與商機	中江要介著	250 元
4. 在印度的成功智慧	山內利男著	220 元
5. 7-ELEVEN 大革命	村上豐道著	200 元
6. 業務員成功秘方	呂育清編著	200 元

7. 在亞洲成功的智慧　鈴木讓二著　220元
8. 圖解活用經營管理　山際有文著　220元
9. 速效行銷學　江尻弘著　220元

・親子系列・電腦編號 32

1. 如何使孩子出人頭地　多湖輝著　200元
2. 心靈啟蒙教育　多湖輝著　280元

・雅致系列・電腦編號 33

1. 健康食譜春冬篇　丸元淑生著　200元
2. 健康食譜夏秋篇　丸元淑生著　200元
3. 純正家庭料理　陳建民等著　200元
4. 家庭四川菜　陳建民著　200元
5. 醫食同源健康美食　郭長聚著　200元
6. 家族健康食譜　東畑朝子著　200元

・美術系列・電腦編號 34

1. 可愛插畫集　鉛筆等著　220元
2. 人物插畫集　鉛筆等著　220元

・心 靈 雅 集・電腦編號 00

1. 禪言佛語看人生　松濤弘道著　180元
2. 禪密教的奧秘　葉逯謙譯　120元
3. 觀音大法力　田口日勝著　120元
4. 觀音法力的大功德　田口日勝著　120元
5. 達摩禪 106 智慧　劉華亭編譯　220元
6. 有趣的佛教研究　葉逯謙編譯　170元
7. 夢的開運法　蕭京凌譯　180元
8. 禪學智慧　柯素娥編譯　130元
9. 女性佛教入門　許俐萍譯　110元
10. 佛像小百科　心靈雅集編譯組　130元
11. 佛教小百科趣談　心靈雅集編譯組　120元
12. 佛教小百科漫談　心靈雅集編譯組　150元
13. 佛教知識小百科　心靈雅集編譯組　150元
14. 佛學名言智慧　松濤弘道著　220元
15. 釋迦名言智慧　松濤弘道著　220元
16. 活人禪　平田精耕著　120元
17. 坐禪入門　柯素娥編譯　150元
18. 現代禪悟　柯素娥編譯　130元

19. 道元禪師語錄	心靈雅集編譯組	130元
20. 佛學經典指南	心靈雅集編譯組	130元
21. 何謂「生」阿含經	心靈雅集編譯組	150元
22. 一切皆空　般若心經	心靈雅集編譯組	180元
23. 超越迷惘　法句經	心靈雅集編譯組	130元
24. 開拓宇宙觀　華嚴經	心靈雅集編譯組	180元
25. 真實之道　法華經	心靈雅集編譯組	130元
26. 自由自在　涅槃經	心靈雅集編譯組	130元
27. 沈默的教示　維摩經	心靈雅集編譯組	150元
28. 開通心眼　佛語佛戒	心靈雅集編譯組	130元
29. 揭秘寶庫　密教經典	心靈雅集編譯組	180元
30. 坐禪與養生	廖松濤譯	110元
31. 釋尊十戒	柯素娥編譯	120元
32. 佛法與神通	劉欣如編著	120元
33. 悟（正法眼藏的世界）	柯素娥編譯	120元
34. 只管打坐	劉欣如編著	120元
35. 喬答摩・佛陀傳	劉欣如編著	120元
36. 唐玄奘留學記	劉欣如編著	120元
37. 佛教的人生觀	劉欣如編譯	110元
38. 無門關(上卷)	心靈雅集編譯組	150元
39. 無門關(下卷)	心靈雅集編譯組	150元
40. 業的思想	劉欣如編著	130元
41. 佛法難學嗎	劉欣如著	140元
42. 佛法實用嗎	劉欣如著	140元
43. 佛法殊勝嗎	劉欣如著	140元
44. 因果報應法則	李常傳編	180元
45. 佛教醫學的奧秘	劉欣如編著	150元
46. 紅塵絕唱	海　若著	130元
47. 佛教生活風情	洪丕謨、姜玉珍著	220元
48. 行住坐臥有佛法	劉欣如著	160元
49. 起心動念是佛法	劉欣如著	160元
50. 四字禪語	曹洞宗青年會	200元
51. 妙法蓮華經	劉欣如編著	160元
52. 根本佛教與大乘佛教	葉作森編	180元
53. 大乘佛經	定方晟著	180元
54. 須彌山與極樂世界	定方晟著	180元
55. 阿闍世的悟道	定方晟著	180元
56. 金剛經的生活智慧	劉欣如著	180元
57. 佛教與儒教	劉欣如編譯	180元
58. 佛教史入門	劉欣如編譯	180元
59. 印度佛教思想史	劉欣如編譯	200元
60. 佛教與女姓	劉欣如編譯	180元
61. 禪與人生	洪丕謨主編	260元
62. 領悟佛經的智慧	劉欣如著	200元

・經營管理・電腦編號01

◎ 創新經營管理六十六大計(精)	蔡弘文編	780元
1. 如何獲取生意情報	蘇燕謀譯	110元
2. 經濟常識問答	蘇燕謀譯	130元
4. 台灣商戰風雲錄	陳中雄著	120元
5. 推銷大王秘錄	原一平著	180元
6. 新創意・賺大錢	王家成譯	90元
7. 工廠管理新手法	琪　輝著	120元
10. 美國實業24小時	柯順隆譯	80元
11. 撼動人心的推銷法	原一平著	150元
12. 高竿經營法	蔡弘文編	120元
13. 如何掌握顧客	柯順隆譯	150元
17. 一流的管理	蔡弘文編	150元
18. 外國人看中韓經濟	劉華亭譯	150元
20. 突破商場人際學	林振輝編著	90元
22. 如何使女人打開錢包	林振輝編著	100元
24. 小公司經營策略	王嘉誠著	160元
25. 成功的會議技巧	鐘文訓編譯	100元
26. 新時代老闆學	黃柏松編著	100元
27. 如何創造商場智囊團	林振輝編譯	150元
28. 十分鐘推銷術	林振輝編譯	180元
29. 五分鐘育才	黃柏松編譯	100元
33. 自我經濟學	廖松濤編譯	100元
34. 一流的經營	陶田生編著	120元
35. 女性職員管理術	王昭國編譯	120元
36. ＩＢＭ的人事管理	鐘文訓編譯	150元
37. 現代電腦常識	王昭國編譯	150元
38. 電腦管理的危機	鐘文訓編譯	120元
39. 如何發揮廣告效果	王昭國編譯	150元
40. 最新管理技巧	王昭國編譯	150元
41. 一流推銷術	廖松濤編譯	150元
42. 包裝與促銷技巧	王昭國編譯	130元
43. 企業王國指揮塔	松下幸之助著	120元
44. 企業精銳兵團	松下幸之助著	120元
45. 企業人事管理	松下幸之助著	100元
46. 華僑經商致富術	廖松濤編譯	130元
47. 豐田式銷售技巧	廖松濤編譯	180元
48. 如何掌握銷售技巧	王昭國編著	130元
50. 洞燭機先的經營	鐘文訓編譯	150元
52. 新世紀的服務業	鐘文訓編譯	100元
53. 成功的領導者	廖松濤編譯	120元
54. 女推銷員成功術	李玉瓊編譯	130元

55. ＩＢＭ人才培育術	鐘文訓編譯	100元
56. 企業人自我突破法	黃琪輝編著	150元
58. 財富開發術	蔡弘文編著	130元
59. 成功的店舖設計	鐘文訓編著	150元
61. 企管回春法	蔡弘文編著	130元
62. 小企業經營指南	鐘文訓編譯	100元
63. 商場致勝名言	鐘文訓編譯	150元
64. 迎接商業新時代	廖松濤編譯	100元
66. 新手股票投資入門	何朝乾編著	200元
67. 上揚股與下跌股	何朝乾編譯	180元
68. 股票速成學	何朝乾編譯	200元
69. 理財與股票投資策略	黃俊豪編著	180元
70. 黃金投資策略	黃俊豪編著	180元
71. 厚黑管理學	廖松濤編譯	180元
72. 股市致勝格言	呂梅莎編譯	180元
73. 透視西武集團	林谷燁編譯	150元
76. 巡迴行銷術	陳蒼杰譯	150元
77. 推銷的魔術	王嘉誠譯	120元
78. 60 秒指導部屬	周蓮芬編譯	150元
79. 精銳女推銷員特訓	李玉瓊編譯	130元
80. 企劃、提案、報告圖表的技巧	鄭汶譯	180元
81. 海外不動產投資	許達守編譯	150元
82. 八百伴的世界策略	李玉瓊譯	150元
83. 服務業品質管理	吳宜芬譯	180元
84. 零庫存銷售	黃東謙編譯	150元
85. 三分鐘推銷管理	劉名揚編譯	150元
86. 推銷大王奮鬥史	原一平著	150元
87. 豐田汽車的生產管理	林谷燁編譯	150元

·成 功 寶 庫· 電腦編號 02

1. 上班族交際術	江森滋著	100元
2. 拍馬屁訣竅	廖玉山編譯	110元
4. 聽話的藝術	歐陽輝編譯	110元
9. 求職轉業成功術	陳義編著	110元
10. 上班族禮儀	廖玉山編著	120元
11. 接近心理學	李玉瓊編著	100元
12. 創造自信的新人生	廖松濤編著	120元
15. 神奇瞬間瞑想法	廖松濤編譯	100元
16. 人生成功之鑰	楊意苓編著	150元
19. 給企業人的諍言	鐘文訓編著	120元
20. 企業家自律訓練法	陳義編譯	100元
21. 上班族妖怪學	廖松濤編著	100元
22. 猶太人縱橫世界的奇蹟	孟佑政編著	110元

25. 你是上班族中強者	嚴思圖編著	100元
30. 成功頓悟100則	蕭京凌編譯	130元
32. 知性幽默	李玉瓊編譯	130元
33. 熟記對方絕招	黃靜香編譯	100元
37. 察言觀色的技巧	劉華亭編著	180元
38. 一流領導力	施義彥編譯	120元
40. 30秒鐘推銷術	廖松濤編譯	150元
42. 尖端時代行銷策略	陳蒼杰編著	100元
43. 顧客管理學	廖松濤編著	100元
44. 如何使對方說Yes	程羲編著	150元
47. 上班族口才學	楊鴻儒譯	120元
48. 上班族新鮮人須知	程羲編著	120元
49. 如何左右逢源	程羲編著	130元
50. 語言的心理戰	多湖輝著	130元
55. 性惡企業管理學	陳蒼杰譯	130元
56. 自我啟發200招	楊鴻儒編著	150元
57. 做個傑出女職員	劉名揚編著	130元
58. 靈活的集團營運術	楊鴻儒編著	120元
60. 個案研究活用法	楊鴻儒編著	130元
61. 企業教育訓練遊戲	楊鴻儒編著	120元
62. 管理者的智慧	程義編譯	130元
63. 做個佼佼管理者	馬筱莉編譯	130元
67. 活用禪學於企業	柯素娥編譯	130元
69. 幽默詭辯術	廖玉山編譯	150元
70. 拿破崙智慧箴言	柯素娥編譯	130元
71. 自我培育・超越	蕭京凌編譯	150元
74. 時間即一切	沈永嘉編譯	130元
75. 自我脫胎換骨	柯素娥譯	150元
76. 贏在起跑點 人才培育鐵則	楊鴻儒編譯	150元
77. 做一枚活棋	李玉瓊編譯	130元
78. 面試成功戰略	柯素娥編譯	130元
81. 瞬間攻破心防法	廖玉山編譯	120元
82. 改變一生的名言	李玉瓊編譯	130元
83. 性格性向創前程	楊鴻儒編譯	130元
84. 訪問行銷新竅門	廖玉山編譯	150元
85. 無所不達的推銷話術	李玉瓊編譯	150元

・處 世 智 慧・電腦編號 03

1. 如何改變你自己	陸明編譯	120元
6. 靈感成功術	譚繼山編譯	80元
8. 扭轉一生的五分鐘	黃柏松編譯	100元
10. 現代人的詭計	林振輝譯	100元
14. 女性的智慧	譚繼山編譯	90元

國家圖書館出版品預行編目資料

工廠管理新手法／ 黃柏松編著 ，
—— 初版——臺北市 ： 大展，民 88
面； 21 公分，—（超經營新智慧；11）
ISBN 957—557—965—8(平裝)

1. 人事管理

494.3 88014143

ISBN 957-557-965-8

工廠管理新手法

編 著 者／黃 柏 松
發 行 人／蔡 森 明
出 版 者／大展出版社有限公司
社 址／台北市北投區（石牌）致遠一路二段12巷1號
電 話／(02) 28236031・28236033
傳 真／(02) 28272069
郵政劃撥／0166955－1
登 記 證／局版臺業字第2171號
承 印 者／高星企業有限公司
裝 訂／日新裝訂所
排 版 者／千兵企業有限公司
電 話／(02) 28812643
初版 1 刷／1999年（民88年）12月

定 價／220元

大展好書 好書大展

大展好書 好書大展